Actenstücke

betreffend

die beabsichtigte Herausgabe

der

kritischen Blätter für Leben und Wissenschaft.

Der Ertrag ist für den Fonds des Gans'schen Stipendiums bestimmt.

Berlin, 1844.
Bei Veit und Comp.

Nachfolgende Zusammenstellung soll nur das vollständige Material zur Beurtheilung einer vielfach entstellten Angelegenheit veröffentlichen. Wir glauben unter gegebenen Umständen, die wir bedauern mögen, aber nicht ändern können, gethan zu haben, was an uns lag. Den *einzelnen* Fall vor Beschränkung zu sichern, statt nur im *Allgemeinen* das kaum mehr zu bestreitende Recht wissenschaftlicher und litterarischer Freiheit festzuhalten, war die Pflicht, die wir unsrerseits in der vorliegenden Frage mit offenem Willen und bester Kraft zu erfüllen gestrebt haben. Beistimmung in dieser Rücksicht wird uns erfreun, doch Tadel nicht irre machen. Deshalb erklären wir lieber im Voraus, dass wir, über die für uns fertige Sache in fernere Erörterungen einzugehn, nur im äussersten Nothfalle Neigung und Zeit finden werden.

Für den richtigen Abdruck der Actenstücke bürgen die theils in den verschiedenen Registraturen, theils in unseren Händen vorhandenen Originale.

Berlin, den 7ten September **1844**.

H. G. Hotho. F. Benary. W. Vatke.
A. Benary.

Inhaltsverzeichniss.

Ueberzeugt, dass Ew. Hochwohlgeboren einem rein im Interesse der Wissenschaft zu begründenden Unternehmen Ihre Zustimmung nicht entziehn werden, bitten sie auf Grund des beiliegenden Prospectus gehorsamst

dem mit der besonderen Redaction beauftragten mitunterzeichneten Prof. Dr. A. Benary die Concession zur Herausgabe des genannten Journals geneigtest ertheilen zu wollen.

In der Erwartung einer recht baldigen günstigen Bescheidung, verharren in der tiefsten Ehrfurcht und Verehrung

Ew. Hochwohlgeboren

Berlin den 7ten Sept. 1843.

gehorsamste

Prof. Dr. Hotho. Prof. Dr.
F. Benary. Dr. A. Benary.
Prof. Vatke.

II.

Beilage zu No. I. Prospectus.

Die kritischen Blätter für Leben und Wissenschaft, die mit dem ersten Januar unter der Redaction der Unterzeichneten in's Leben treten, haben sich die Aufgabe gestellt, das Bedürfniss einer allgemeinen Litteraturzeitung im Sinne unserer Zeit auszufüllen. Wenn die kritischen Zeitschriften seither die Allgemeinheit so verstanden, dass sie alle wichtigeren Erscheinungen der Litteratur in ihr Bereich zogen, so konnte es nicht fehlen, dass ein grosser Theil des Inhalts immer nur einen kleinen Theil der Leser in Anspruch nahm, da die eigentliche Fachgelehrsamkeit nur die berührte, in deren Beschäftigung sie eben einschlug. Und dennoch zeigt das Aufkommen so vieler besonderer Fachzeitschriften, dass selbst von dieser Seite her durch jene Blätter die Aufgabe nicht völlig gelöst war. Unter solchen Umständen lag es nahe, ein Journal zu gründen, welches, um allgemein zu wirken, nicht sowohl den gesammten Stoff der Litteratur behandeln, sondern vielmehr aus demselben das hervorheben sollte, was allgemein, das heisst, bei jedem, dem es Ernst ist um die Wissenschaft und das wahrhafte Lebensinteresse, Anklang finden muss. Grundlage und Ausgangspunkt musste hierbei der Gedanke und die Wissenschaft sein, doch nicht engbegränzt in den Schranken der blossen Gelehrsamkeit, sondern in ihrer mächtigen Einwirkung auf die Gestaltungen des Lebens und der Gesellschaft. In einer Zeit, die sichtbar einer grossartigen Entwicklung, einem Umschwung in allen Richtungen entgegenstrebt, hat das Alte sein Recht, das Neue seine Berechtigung aufzuweisen, und vermag es nur durch den Gedanken. Wie die Zeit dahin ist, wo die Wissenschaft ein abgeschlossenes Sein für sich bildete, so auch der Wahn, dass die freieren Bewegungen des Lebens abgerissen seien vom Gedanken, nicht in ihm vielmehr ihre treibende Kraft, ihre Stärke hätten. Gedanke und That, Leben und Wissenschaft dürfen nicht mehr getrennt erscheinen. In diesem Bewusstsein hat die Wissenschaft allen Anfechtungen gegenüber ihre ganze Kraft wiedergefunden, und — wie diess die Bewegungen der letzten zehn Jahre klar zeigen — den grossen Schritt gethan, sich des Inhalts des Lebens in allen seinen Richtungen geistig zu bemächtigen. Fürwahr es waren nicht untergeordnete Punkte, nicht leere Grübelei, welche die Philosophie als ihren Inhalt sich vorsetzte; nicht in todten Formeln, nicht unter schwer verständlichem Ausdruck versteckte sie ihren Gehalt; nein, sie hat Fragen sich vorgelegt, die das letzte und höchste Wohl des Menschen berühren, sie hat deren Lösung in einer Sprache versucht, die klar und bestimmt jedem zugänglich war, sie hat gestrebt Gemeingut derer zu werden, denen überhaupt die Sphäre des Geistes nicht verschlossen bleibt. Diesen geistigen Process, diese Wechselwirkung des Lebens und der Wissenschaft in ihrem Fortschritt und in ihrer Entwicklung an den geistigen Producten unserer Zeit zu verfolgen, ist Aufgabe der neuen Zeitschrift, und in diesem Zwecke ist ihr Inhalt, ihre Tendenz, ihre Haltung unmittelbar gegeben.

Fragt man zunächst nach den Richtungen, in denen der Gedanke jetzt am mächtigsten an das Leben herantritt, so darf man die Religion, die Kunst und Poesie, den Staat als diese Gebiete bezeichnen. Niemand, welcher Parthei er sich immer zuwenden mag, kann es sich verhehlen, dass die Kämpfe, die um die Offenbarung, als bloss historische geführt wurden, dass die Untersuchungen über Gott und das Verhältniss des Menschen zu Gott, dass die Fragen über Persönlichkeit und

Unsterblichkeit nicht nur der Wissenschaft einen andren Umfang und eine andre Gestaltung gegeben, sondern auch ausserhalb des Kreises der Gelehrten eine Anregung und Wirkung hervorgebracht haben, deren Kraft sich am deutlichsten in dem schroffen Gegenübertreten der Gegensätze ausspricht, und die zu mächtig eingreifen, als dass man sie einer momentanen, vorübergehenden Erregung zuschreiben könnte. Und gleiches gilt vom Staate. Oder sind alle jene Fragen, welche die Sittlichkeit der Familie in der Ehe, die Oeffentlichkeit und Mündlichkeit im Recht und in der Verwaltung, oder welche das innere Getriebe in der Industrie, in den Handelsverbindungen, welche die alten Schäden der Gesellschaft im Pauperismus berührten, nicht solche gewesen, welche die Kräfte der besten Köpfe, aber ebensosehr die ängstlichste Theilnahme aller Besseren des Volkes in Anspruch nahmen? Von der Kunst und schönen Litteratur braucht kaum gesagt zu werden, dass sie stets nur so ihren Werth gehabt, dass sie Gemeingut aller geworden; ihr Boden, ihre Aufgabe, ihr Träger ist vom Beginn an das Leben. So ist es denn die Theologie, die Wissenschaft des Staates, die Kunst und schöne Litteratur, die unsren Stoff bezeichnen, und als Träger, Leiter aller dieser Richtungen in wissenschaftlicher Fassung die Philosophie. Was in diesen Wissenschaften Anspruch machen kann den Gedanken fortzuführen, was Fortschritt, was Entwicklung andeutet, was irgendwie geeignet ist auf die öffentliche Meinung tiefen, wahrhaften Einfluss zu üben, ja was endlich, ohne sich selbst dem Fortschritt hinzugeben, doch eine Anregung enthält, und die Behandlung wichtiger Fragen zu veranlassen vermag, wird unbedingt seine vollständige Würdigung finden. Indessen dürfen freilich jene Gränzen, welche die angegebenen Fächer zu setzen scheinen, nicht beengend für die Zeitschrift sein; denn da diese ihren Zweck, die Beziehung der Wissenschaft zum Leben, festhält, so wird auch alles Bedeutende in andren Gebieten, sobald es eine neue Richtung einschlägt, oder anregend sich über die blosse Fachgelehrsamkeit erhebt, Stoff der Besprechung werden. Ohnehin ist der Zusammenhang der Wissenschaften und ihr Ineinandergreifen so mächtig, dass von einer scharfen Trennung und Abgränzung unmöglich die Rede sein kann. Ist somit hierin der Inhalt bezeichnet, so erfordert es der Zweck des Blattes in der Darstellung desselben einen genau bestimmten Weg einzuhalten. Den Fortschritt des Gedankens an den Werken der Litteratur und Kunst nachzuweisen ist die Aufgabe. Somit werden alle Beurtheilungen in möglichster Gedrungenheit darauf hinausgehen, zunächst den Inhalt und den Gang der Schriften genau darzulegen, um so dem Leser die Kenntniss des Gegebenen zu verschaffen; hieran wird sich die Beurtheilung in der Weise anschliessen, dass der Standpunkt, den die Werke zur Wissenschaft einnehmen, aufgezeigt, einzelne etwaige Irrungen aber erst in letzter Stellung gerügt werden. Solchen Beurtheilungen besonderer Werke sollen sich indessen, um die Bewegung auf einzelnen Gebieten im Grossen und im Zusammenhang darzulegen, von Zeit zu Zeit allgemeine übersichtliche Darstellungen anreihen, endlich aber über wichtigere wissenschaftliche Fragen, die die Theilnahme vorzüglich in Anspruch nehmen, leitende Artikel den Gesichtspunkt hervorheben, welcher die Entscheidung von Seiten des Gedankens hervorrufen muss. Durch diese Mittel steht zu hoffen, dass kein Moment, welches tiefer in die Bildung eingreift, übergangen werde.

Wie der Inhalt somit von dem Zwecke bestimmt ist, so kann die Tendenz nicht unklar bleiben. Leitend ist für die Zeitschrift die Ueberzeugung, dass der Gedanke das Belebende und Treibende, das ewig Entwikkelnde ist. Somit gehört sie dem Fortschritt an, dem Fortschritt in Fassung der Religion, des Staates, der

Wissenschaft. Aber wenn aller Fortschritt nur Entwicklung der Freiheit ist, im Geiste wie im staatlichen Leben, so ist es eben die Freiheit, die jede Einseitigkeit, jede ausschliessliche Richtung verbannt; wenn aller Fortschritt seinen einzigen Grund, seinen wahren Halt in der Wahrheit hat, so ist es die Wahrheit, welche nur die Sache kennend, jeden äusseren Zweck, jede Partheiung abweist. Also Freiheit — Anerkennung alles dessen, was dem wahrhaften Fortschritt zustrebt; Wahrheit — Bekämpfung alles dessen, was dem äusseren, unlauteren Zweck, komme er woher er wolle, was der blossen Partheisucht, fusse sie worauf sie wolle, fröhnt; das sind die Grundlagen auf die wir uns stützen, das sind die Leiter, welche uns streng gerecht, aber eben so offen freisinnig und rücksichtslos führen werden. Eng verknüpft endlich mit diesem Zwecke, dieser Tendenz muss die Haltung der Zeitschrift sein. Wahrheit kann nur von dem Streben ausgehen, nur sie zu wollen; kann ihre Quelle allein nur in der Redlichkeit der Gesinnung haben, nur die Sache, nicht die Person, nicht den Zweck in's Auge zu fassen. Diese Redlichkeit, dieser Ernst, diese Würde sei auch unsre erste Pflicht. Jede Persönlichkeit, insofern sie nicht selbst zur Sache wird, muss dem reinen Interesse des Gedankens weichen, dessen Kampf es auszufechten gilt. Jede Kritik erfordert freilich Polemik, aber der Gedanke, mag der Streit noch so rücksichtslos geführt werden, ist einerseits kräftig genug, um durch sich selbst, ohne äussere Mittel zu siegen, und weist sie deshalb als seiner unwürdig ab; andrerseits, weil er das Leben vergeistigt, es von den Schlacken der Leidenschaft befreit, will er vor allem die Humanität. Mag somit das Verfechten der Sache mit dem Aufbieten aller Kraft geschehen; bestimmt, durchdrungen muss der Kampf immer von der Humanität werden; nur den Sieg hat der echte Streiter im Auge, nicht den Schmerz der Wunden.

Wird es so unser Streben sein, als das innerste Wesen der Haltung Redlichkeit, Würde, Humanität hinzustellen, so entspreche diesem auch die schöne Form, welche um so weniger nur äusserlich ist, als ihr zum grossen Theil die Aufgabe wird, dem Gedanken Aufnahme und Eindringlichkeit zu sichern, als sie es ist, die, wie sie das Resultat der gewonnenen Bildung aufzeigt, so auch fördernd auf sie zurück wirkt. Wir sind in den verwichenen Zeiten dahin gelangt, selbst für die abstractesten Gegenstände der Wissenschaft eine feste und sichere Sprache errungen zu haben. So ist uns denn der Weg angedeutet, über die blosse Verständlichkeit hinaus zu der Schönheit der Darstellung anzustreben, die dem Rechte der Sache den Reiz des Gefallens hinzufügt.

Mit diesem Inhalte, dieser Tendenz, dieser Haltung treten wir dem Publicum entgegen; Frische des Lebens, Ernst und Würde der Wissenschaft ist unser Wahlspruch; und wenn es uns gelungen ist, für unsern Zweck die Theilnahme der besten Kräfte zu gewinnen, so dürfen wir uns versprechen, dass durch den Verein so reicher geistiger Elemente das Unternehmen über das blosse Hoffen hinaus zum frohen Gelingen gedeihen werde.

III.

Ew. Wohlgeboren eröffne ich auf das Gesuch vom 9ten September v. J.

um Ertheilung der Concession zur Herausgabe einer Wochenschrift unter dem Titel: Kritische Blätter für Leben und Wissenschaft „an den Professor Dr. Agathon Benary“

dass sich aus Ew. Wohlgeboren amtlichen Verhältnissen gegen das von Ihnen beabsichtigte publicistische Unternehmen in Betracht der im Prospectus angezeigten Tendenz desselben Bedenken ergeben haben, welche die Ertheilung der gewünschten Concession behindern.

Potsdam, den 27sten Januar 1844.

Der Ober-Präsident der Provinz Brandenburg.

gez. v. Meding.

An
die Herren Professoren D.Dr. Hotho,
Dr. F. Benary, Dr. A. Benary, und
Dr. Vatke
Wohlgeboren.

O. P. N. 341.

IV.

Einen verehrlichen Senat
der Königlichen Friedrich-Wilhelms-Universität

erlauben sich die Unterzeichneten mit nachstehendem Gesuche in dem offenen Vertrauen anzugehn, dass Derselbe, als oberste akademische Behörde, ihnen in einer dem Anscheine nach persönlichen und privaten, der Sache nach ebenso allgemeinen und corporativen Angelegenheit Seine Theilnahme nicht werde entziehen wollen.

Die Unterzeichneten sind im Sommer des verflossenen Jahres über die Herausgabe einer neuen litterarischen Wochenschrift mit der hiesigen Buchhandlung M. Veit & Comp. contractmässig übereingekommen. Weit entfernt sich die Redaction eines Blattes aufzubürden, das nur einem bestimmten philosophischen Systeme oder einer besonderen religiösen, politischen und aesthetischen Auffassung zum Organe dienen sollte, glaubten sie mit Zuversicht auf die lebendige Mitwirkung der tüchtigsten Gelehrten aller Richtungen rechnen zu dürfen, denen es Ernst mit dem wirklichen Fortschritt der Wissenschaft ist. Für ihre eigene Ansicht wollten sie sich nur den Raum offen halten, der ihnen in den Jahrbüchern für wissenschaftliche Kritik nach mehrfacher Erfahrung verkümmert erschien.

Am 7ten Sept. 1843 reichten sie bei einem hochlöblichen Ober-Präsidium der Provinz Brandenburg den abschriftlich beiliegenden Prospectus mit dem gehorsamsten Gesuche um die zur Herausgabe nöthige Concession ein.

Nach Verlauf von fast vier Monaten erhielten sie von Sr. Excellenz dem Herrn Minister der Geistlichen-, Unterrichts- und Medicinal-Angelegenheiten am 29sten December für den Abend desselben Tages den Befehl zu einer Audienz, in welcher Se. Excellenz in Rücksicht auf besagten Antrag dem wesentlichen Inhalte nach folgende Eröffnung zu machen geruhten:

> Polizeiliche Schwierigkeiten hätten sich gegen unser Unternehmen, dessen Genehmigung der Herr Minister des Innern in Sr. Excellenz Hand gelegt, nicht ergeben, und wären wir blosse Litteraten, so würde Sne. Excellenz auch Seinerseits gegen dasselbe nichts einwenden können. Als Professoren und Docenten der Königlichen Universität jedoch müsste uns die Erlaubniss zur Herausgabe aus der höheren Rücksicht verweigert werden, dass wir, ohne practisch lebendige Kenntniss von Kirche und Staat, unser Blatt auch in Bezug auf diese Gebiete vom Standpunkte einer Philosophie redigiren würden, die nach dem Urtheil sowohl Sr. Excellenz als auch aller höheren Preussischen Staatsmänner mit der Kirche und dem Staate, wie sie sein könnten und dürften, unverträglich wäre. Je mehr Sne. Excellenz nun von uns als Ehrenmännern den festen Glauben hege, dass wir unsere Ansichten mit Offenheit und Energie verbreiten würden, und uns den guten Willen und Vorsatz, sowie die Geschicklichkeit zutraue, niemals mit der Königlichen Censur in Konflikt zu gerathen, um so weniger sei unser Unternehmen zu bewilligen.
>
> Sne. Excellenz beabsichtige damit keine Beschränkung irgend einer uns zustehenden wahren Freiheit, sondern habe einzig und allein das Wohl der Königlichen Universität im Auge. Seit lange würden die deutschen Hochschulen um des

Geistes der Jugend willen, der von ihnen auszugehen scheine, von vielen Seiten her beargwohnt. Dies könne der Entwicklung der Wissenschaft nur zu Hemmung und Schaden gereichen. Solch einen Argwohn zu schärfen sei aber vor allem unser Vorhaben geeignet. Denn wie loyal und ehrenwerth immerhin unser Streben wäre, so würden wir es dennoch kaum hindern können, dass unser Blatt nicht verderblichen Richtungen zur Fahne würde.

Aus diesen Gründen müsse Se. Excellenz den Wunsch aussprechen, wir möchten freiwillig von unserem Vorhaben abstehn.

Die Unterzeichneten durften es nicht für schicklich erachten, Sr. Excellenz Meinung von ihrem philosophischen Standpunkt mit wissenschaftlichen Gründen widerlegen zu wollen. Sie konnten wiederholt nur auf die schon im Prospectus ausgesprochene Erklärung hindeuten, dass sie ihr Unternehmen auf die Mitwirkung der tüchtigsten Männer jedes Faches und jeder wissenschaftlichen Richtung gründen, am wenigsten aber ein Parteiblatt stifften wollten. Zugleich sahen sie auch des gnädigen Wohlwollens und der Anerkennung ohnerachtet, mit deren Huld Se. Excellenz sie beehrte, sich nicht im Stande, dem Wunsche einer freiwilligen Verzichtleistung zu genügen; — schon der Verpflichtung halber, welche sie gegen die genannte Buchhandlung übernommen hatten.

Folgendes Rescript eines hochlöblichen Ober-Präsidii der Provinz Brandenburg, das uns vor wenigen Wochen zugekommen ist, enthält die Verweigerung der gehorsamst erbetenen Concession.

„Ew. Wohlgeboren eröffne ich auf das Gesuch vom 7ten Sept. vorigen Jahrs um Ertheilung einer Concession zur Herausgabe einer Wochenschrift unter dem Titel „kritische Blätter für Leben und

Wissenschaft“ an den Professor Dr. Agathon Benary,

dass sich aus Ew. Wohlgeboren amtlichen Verhältnissen gegen das von Ihnen beabsichtigte publicistische Unternehmen in Betracht der im Prospectus angezeigten Tendenz desselben Bedenken ergeben haben, welche die Ertheilung der gewünschten Concession behindern.

Potsdam den 27sten Januar 1844.

der Oberpräsident der Provinz Brandenburg.

gez. von Meding.“

An die Herren

Professoren D.Dr. Hotho, Dr. F. Benary,

Dr. A. Benary, Dr. Vatke.

O. P. N. 341.

Vom privaten Standpunkte aus würden nach diesen Vorgängen die Unterzeichneten ihr Unternehmen sogleich haben fallen lassen. Die Nachricht von dem ministeriellen Verbot jedoch hat sich, wie es von Seiten der Buchhandlung nicht anders geschehen konnte, bereits durch die öffentlichen Blätter verbreitet. Ausserdem sind die näheren Gründe dieses Verbots, deren Mittheilung Sne. Excellenz Selber gestattet hat, in mannichfachen Kreisen bekannt geworden.

Der Hauptgrund nun scheint aus einem Prinzipe hervorzugehn, dessen Wichtigkeit und mögliche Folge weit über das sonst gleichgültige Verbot einer Zeitschrift hinaus das allgemeine Interesse sämmtlicher Universitätslehrer in Anspruch nehmen muss.

Sne. Excellenz verbieten ein wissenschaftliches Unternehmen, gegen welches das Ministerium der Polizei keinen Einwand macht, aus dem Grunde, weil die Redactoren sich zu einer Philosophie bekennen, von der Sne. Excellenz den Glauben hegt, dass sie der wahren Kirche und dem wahren Staate widerstreite.

Hiedurch würde aber auf rein administrativem Wege

die Verbreitung einer Philosophie behindert, deren Widerlegung um so mehr nur Sache der Wissenschaft sein kann, jemehr der Staat die Vereinbarkeit dieser Philosophie mit Staat und Kirche durch die Berufung ihres Stifters so wie durch Anstellung vieler Schüler und Anhänger desselben, nicht nur als Lehrer sondern ebensosehr als Verwaltungsbeamte, Richter und Diener der Kirche, bereits seit fünfundzwanzig Jahren anerkannt hat.

Will man den angegebenen Grund Sr. Excellenz zu weiterer Consequenz führen, so steht zu befürchten, dass der Satz:

> was jene Philosophie auf Universitäten lehren darf, soll sie nicht in wissenschaftlichen Zeitschriften verbreiten,

sich in gleicher Weise zu dem anderen Satze umwenden könne:

> was diese Philosophie nicht in wissenschaftlichen Zeitschriften verbreiten darf, soll sie auch auf Universitäten nicht lehren.

Diese Betrachtung muss in den Unterzeichneten die Ueberzeugung feststellen, dass es, selbst wider Willen und Wunsch ihre wissenschaftliche Pflicht sei, sich nicht bei dem Bescheide eines hochlöblichen Königl. Ober-Präsidii zu beruhigen, sondern ihre Angelegenheit Sr. Königlichen Majestät zu gnädiger Entscheidung allerunterthänigst vorzulegen.

Sie würden deshalb unmittelbar gewagt haben, sich dem Throne Sr. Majestät vertrauensvoll zu nahen, wenn sie nicht in dem Glauben wären, als Mitglieder der Königlichen Universität vorerst gegen diese eine nächste Pflicht erfüllen zu müssen.

Se. Excellenz haben als zweiten Hauptgrund der Verweigerung aufgestellt, dass unser Unternehmen der Universität und deren Lehrfreiheit zu möglichem Schaden gereichen dürfte.

Kann dies der Fall sein, so könnte auch schon der

gefasste Entschluss, noch mehr aber die weitere Verfolgung unserer Angelegenheit ein ähnliches Resultat herbeileiten. Dies darf weder der Zweck der Unterzeichneten sein, noch glauben sie sich berechtigt, eine derartige moralische Verantwortung allein auf sich zu nehmen. In Beurtheilung des für die corporative Gesammtheit der Universität Wichtigen oder Unbedeutenden, Gefahrdrohenden oder Nützlichen dürfen sie einen verehrlichen Senat allein als competent betrachten.

Gedrängt von dem Zwiespalt zweier einander vielleicht entgegenstehender Pflichten sprechen sie deshalb die gehorsamste Bitte aus, es möge einem verehrlichen Senate gefallen,

ihnen eine Mittheilung über die Frage zukommen zu lassen,

ob ihre Angelegenheit, abgesehn von deren speciellen Ursprunge und ohnerachtet der möglichen Folgen, schon des berührten Prinzips wegen wichtig genug zu erachten sei, um dieselbe Sr. Königlichen Majestät zur Entscheidung unterthänigst vorzulegen.

Die einfache Verneinung dieser Frage würde die Sache auf den privaten Standpunkt zurückführen, und auch die Unterzeichneten bewegen, von allen weiteren Schritten abzustehn, und sich nur, falls es zu eigener Rechtfertigung nothwendig sein sollte, auf die öffentliche Darlegung des bisherigen Verlaufs zu beschränken.

In der Hoffnung, dass ein verehrlicher Senat den Gesichtspunkt richtig würdigen werde, von welchem aus die Unterzeichneten ihr gehorsamstes Gesuch wiederholen, beehren sie sich in vollkommenster Ehrfurcht sich zu unterschreiben als

eines verehrlichen Senats

gehorsamste Diener

Berlin, den 8. März 1844.

Prof. Dr. H. G. Hotho, Prof. Dr F. Benary, Prof. W. Vatke, Dr A. Benary.

V.

Ew. Hochwürden und Wohlgeboren

beehre ich mich, in Beziehung auf Ihr an den Senat der Universität gerichtetes Schreiben vom 8ten März, die in der Sitzung vom 21sten d. M. festgestellte Ansicht des Senats mitzutheilen.

Es liegt dem Senat zur Erörterung der von Ihnen gestellten Frage nichts Factisches in amtlicher Form vor, mit Ausnahme der Aeusserung in der Verfügung des Königl. Ober-Präsidii, dass aus Ihren amtlichen Verhältnissen sich Bedenken gegen die von Ihnen beabsichtigte Zeitschrift ergeben haben. Da aber dieser Ausdruck mehrerer und sehr verschiedener Deutungen fähig ist, so bedauert der Senat für jetzt auf die Sache selbst nicht eingehen zu können.

Berlin, den 25. März 1844.

gez. Lachmann.

An
die Herren Professoren Dr. F. Benary,
Licent. Vatke, Dr. Hotho, und an den
Herrn Professor Dr. A. Benary.
Hochwürden und Wohlgeboren.

590.

VI.

Hochwohlgeborner Herr!
Hochgebietender Herr Geheime-Staatsminister!

Ew. Excellenz haben die Gnade gehabt, den Unterzeichneten in einer Privataudienz am 29sten Dec. v. J. die näheren Motive anzugeben, welche für Ew. Excellenz der Anlass zur Verweigerung der von uns am 7ten Sept. 1843 bei dem hochlöblichen Ober-Präsidium der Provinz Brandenburg nachgesuchten Concession zur Herausgabe einer neuen litterarischen Wochenschrift geworden sind.

Dieser geneigten Eröffnung gemäss beschied uns ein Schreiben des Königl. Ober-Präsidii vom 27sten Januar d. J. dahin,

> dass sich aus unseren amtlichen Verhältnissen gegen das von uns beabsichtigte publicistische Unternehmen in Betracht der im Prospectus angezeigten Tendenz desselben Bedenken ergeben hätten, welche die Ertheilung der gewünschten Concession behinderten.

Nach Empfang dieses Erlasses glaubten wir zunächst alle weiteren Versuche zur Erzielung eines günstigeren Resultates aufgeben zu müssen. Jemehr jedoch die von Ew. Excellenz uns gnädigst mitgetheilten Gründe in dem Kreise unserer Herrn Collegen bekannt wurden, um so mehr stellte sich auch bei denen, welche unsere wissenschaftliche Richtung keineswegs theilen, die Ansicht fest, dass wir die beregte Angelegenheit nicht in diesem Stadium beruhn lassen dürften; insofern die von Ew. Excellenz in so huldvoller Unumwundenheit ausgesprochenen Beweggründe, persönlich und sachlich, der Verbreitung wissenschaftlicher Ansichten Beschränkungen aufzuerlegen schienen, welche auf die Fortentwickelung der Wissenschaft selbst nachtheilig einwirken müssten. Es sei deshalb unsre Pflicht, die Sache Sr. Königlichen Majestät zu gnädiger Entscheidung allerunterthänigst vorzulegen.

Dennoch haben sich die Unterzeichneten hierzu nicht sofort entschliessen können. Um ihres Privatunternehmens willen diesen Schritt zu thun, widerstritt ihrer Gesinnung; wollten sie sich aber auf einen allgemeineren Standpunkt stellen, so konnten sie, den Eröffnungen Ew. Excellenz zufolge, unvorsichtig Interessen der Königlichen Universität in einer Weise gefährden, deren Belang und Umfang ausserhalb ihrer Beurtheilung lag.

Es erschien deshalb als das Einfachste, einen verehrlichen Senat der Königl. Universität durch das abschriftlich beiliegende Gesuch (No. IV.) um geneigten Rath anzugehn.

Sne. Magnificenz liessen uns die gleichfalls in Abschrift beifolgende Antwort (No. V.) zukommen.

Dieser Bescheid, statt unsere gehorsamste Frage zu verneinen oder die Erörterung derselben direct abzulehnen, scheint vielmehr von Seiten eines verehrlichen Senats die Vorbedingung zu stellen, wir sollten uns in den Stand setzen, dasjenige in amtlich beglaubigter Form darlegen zu können, was wir bis jetzt nur als eine von Ew. Excellenz uns privatim gemachte Eröffnung mitgetheilt hätten.

Wollen wir diesem Rathe nachkommen, so steht, unserem Ermessen nach, kein anderer Weg offen, als uns vertrauungsvoll an Ew. Excellenz Selbst mit der gehorsamsten Bitte zu wenden,

> es möge Ew. Excellenz gefallen, uns gnädigst zu bestätigen, dass Hochderen Verweigerungsgründe

in Betreff der von uns nachgesuchten Concession, der Sache nach, dieselben seien, welche wir als Ew. Excellenz mündliche Mittheilung in dem beiliegenden Gesuche an einen verehrlichen Senat angeführt haben.

In der unerschütterlichen Ueberzeugung, dass Ew. Excellenz huldvolle Sorgfalt für alles, was der geistigen Entwickelung zum Heil, und der Königlichen Universität zur Wohlfahrt gereichen kann, nicht minder lebendig und warm, als unser Interesse für den ungehemmten Fortschritt der Wissenschaft ist, glauben wir nicht näher den tiefen Schmerz berühren zu dürfen, mit welchem wir uns in diesem speciellen Falle gezwungen sehn, der vollen Uebereinstimmung mit Ew. Excellenz Ansicht entsagen zu müssen.

In unbegränzter Verehrung verharren wir als

Ew. Excellenz

allergehorsamste, ergebenste

Berlin, den 11. April 1844.

Prof. Dr. G. H. Hotho. Prof. Dr. F. Benary.
Prof. Vatke. Prof. Dr. A. Benary.

VII.

Ew. Hochwürden und Wohlgeboren ersuche ich Behufs einer, Ihnen im Auftrage Seiner Excellenz des Herrn Geheimen Staats-Ministers etc. Dr. Eichhorn zu machenden, amtlichen Eröffnung Sich gefälligst am nächsten Dienstag den 23sten dieses Monats Vormittags 10 Uhr im Senats-Zimmer der Universität einfinden zu wollen.

Berlin, den 20sten April 1844.

Der Königliche Regierungs-Bevollmächtigte etc.
gez. Ladenberg.

An
die ausserordentlichen Professoren der
hiesigen Königlichen Universität
Herrn Dr. F. Benary.
Herrn Dr. Vatke.
Herrn Dr. Hotho.
und an den Privat-Docenten derselben
Universität
Herrn Professor Dr. A. Benary
Hochwürden und Wohlgeboren.

129.

VIII.

Ein verehrlicher Senat
der Königlichen Friedrich-Wilhelms-Universität

hat das gehorsamste Gesuch der Unterzeichneten vom 8ten März dieses Jahres geneigtest durch einen Bescheid Sr. Magnificenz unter dem 25sten desselben Monats dahin beantwortet, dass der Senat bedauere für jetzt auf die Sache selbst nicht eingehn zu können, weil zur Erörterung der von uns gestellten Frage nichts Factisches in amtlicher Form vorliege, mit Ausnahme der Aeusserung in der Verfügung des Königl. Ober-Präsidii, dass aus unsren amtlichen Verhältnissen sich Bedenken ergeben hätten, ein Ausdruck der mehrerer und sehr verschiedener Deutungen fähig sei.

Insofern unsre Eingabe nun die nähere Erklärung dieses Ausdruckes bereits durch die Mittheilung der uns von des Herrn Ministers Excellenz mündlich eröffneten Motive erledigt hatte, konnte der geneigte Bescheid eines verehrlichen Senats uns wohl nur die begründete Vorbedingung stellen wollen, dass wir die angegebenen Verweigerungs-Gründe Sr. Excellenz in einer amtlich beglaubigten Form ihm vorlegen sollten.

Um dieser Bedingung genügen zu können, wendeten sich die Unterzeichneten in dem abschriftlich beiliegenden Gesuche (No. VI.) an Se. Excellenz mit der allergehorsamsten Bitte, Hochdieselben möchten uns gnädigst bestätigen, dass wir Deren Ansicht richtig gefasst, und einem verehrlichen Senat der Wahrheit gemäss dargestellt hätten.

Als Erwiederung erhielten wir von Seiten des Herrn Königl. Regierungs-Bevollmächtigten eine Vorladung auf den 23. April zur Entgegennahme einer amtlichen Eröffnung Namens Sr. Excellenz des Herrn Ministers. Der Herr Regierungs-Bevollmächtigte las uns in dem anberaumten Termine, im Beisein des Herrn Universitäts-Richters, dem wesentlichen Inhalte nach folgende Erklärung vor:

Die Annahme als ob der Rector und der Senat der hiesigen Universität in ihrem unter dem 25sten März uns ertheilten Bescheid eine amtlich beglaubigte Bestätigung desjenigen verlangten, was uns Sne Excellenz mündlich mitgetheilt hätte, um demnach darüber zu urtheilen, ermangele aller Begründung, und sei überdiess an sich um so ungehöriger als Sne Excellenz keine Veranlassung gegeben, anzunehmen, dass Hochderen uns mündlich mitgetheilten Ansichten sich irgend geändert hätten. Obwohl es demnach einer Bestätigung der uns gemachten Eröffnung nicht bedürfe, so wolle Sne Excellenz dennoch uns dieselbe hiermit ertheilen, da seitdem sogar neue thatsächliche Momente hinzugekommen, welche als Belege für die Richtigkeit jener Eröffnung, und die Nothwendigkeit bei derselben stehn zu bleiben, dienten.

Die Privatdocenten Nauwerck und Märker hätten ihrerseits gleichfalls nur die Freiheit der wissenschaftlichen Erörterung in Anspruch genommen, indem sie aber von dem aus, was sie für Wissenschaft ausgäben, das Leben und die Gesellschaft besprochen, um von dem subjectiven Standpunkt ihrer Wissenschaft darauf einzuwirken, seien sie in einen Conflict gerathen, welcher für den Einen die Ausscheidung aus seinem bisherigen Verhältnisse zur philosophischen Facultät, für den Andren eine ernstliche Warnung von Seiten derselben Facultät zur Folge gehabt habe.

Der Prospectus, auf dessen Grund die Concession zur Herausgabe „der kritischen Blätter für Leben und Wissenschaft“ von uns nachgesucht worden, erweise klar, dass wir uns nicht darauf beschränken wollten, nach Art gewöhnlicher kritischer Blätter für das gelehrte Publicum einzelne Wissenschaften zu besprechen, sondern dass wir beabsichtigten, die Wissenschaft von den Fachformen zu befreien, um die Resultate derselben in einer Form und Sprache, welche einem Jeden verständlich und zugänglich sei, dem Publicum vorzuführen, mit besonderer Auswahl desjenigen, was auf die öffentliche Meinung einen tiefen und nachhaltigen Einfluss auszuüben vermöchte, und zwar mit dem ausdrücklichen Zweck, durch diese Besprechung auf die Gestaltungen des Lebens und der Gesellschaft lebendig einzuwirken. Abgesehen davon, dass die Verfolgung eines also gefassten Plans sowohl dem Zwecke der Universität überhaupt, so wie der Bestimmung der einzelnen Facultäten, auch der philosophischen, und dem Berufe der an ihnen angestellten Lehrer nicht angemessen sei, so seien auch mit Rücksicht auf die jetzigen Zeitverhältnisse früher oder später, sowohl für die hiesige Universität im Ganzen als auch für die philosophische Facultät insbesondere, nur bedenkliche Conflicte und Verlegenheiten zu erwarten, wenn wir, von dem besondren Standpunkt unsrer Philosophie aus, nach Maassgabe des Prospectus, auf die Gestaltung des Lebens und der Gesellschaft einzuwirken uns zur Aufgabe machten.

Es handle sich demnach nicht darum, unsren wissenschaftlichen Vorträgen, insoweit wir uns in der That innerhalb der Gränzen der Wissenschaft hielten, sei es in academischen Vorträgen sei es in schriftlichen Darstellungen, irgend eine hemmende Schranke zu ziehn. Auch möchten wir einzeln Alles schreiben und drucken lassen, was wir mit unsrer Stellung als Lehrer an der Universität für vereinbar hielten. Dagegen könne Sne Excellenz uns, als Professoren und Docenten an der Universität, zur Concessionirung einer Zeitschrift, vollends in dieser Vereinigung von Männern, die von der philosophischen Richtung aus, welche notorisch mit dem Wesen des bestehenden Staates und der bestehenden Kirche in allgemeinen Conflict gerathen, auf die Gestaltung des Lebens in Kirche und Staat und zwar in Weise populärer Darstellung einwirken wollten, nicht die Hand bieten.

Deshalb werde Sne Excellenz, wie Hochdieselben schon früher gegen den Herrn Minister des Innern sich erklärt, in dem Falle der Erneuerung unsres Gesuches um eine Concession, dieselbe Erklärung nur wiederholen und bestätigen können.

Als sich die Unterzeichneten nach dieser Vorlesung verpflichtet hielten, eine Missdeutung ihrer Absicht in der Eröffnung Sr. Excellenz aufzuhellen, erklärte der Herr Regierungs-Bevollmächtigte, der Bestimmung Sr. Excellenz gemäss, weder seinerseits Erläuterungen geben, noch von unsrer Seite Bemerkungen entgegennehmen zu dürfen. Derselben Bestimmung zur Folge wurde uns sowohl die gehorsamste Bitte um eine Abschrift des durch den Herrn Universitäts - Richter aufgenommenen Protocolls, als auch das Gesuch einzelne Notizen niederschreiben zu dürfen, abgeschlagen. Se. Excellenz hatten nur gestattet, unsrem etwaigen Wunsche wiederholter Vorlesung oder späterer Einsicht in das Protocoll zu genügen.

Von dieser letzteren Gunst allein haben deshalb die Unterzeichneten Gebrauch machen können, um einem verehrlichen Senat die amtliche Eröffnung so Wort- und Sachgetreu als möglich mitzutheilen.

Der Inhalt derselben bietet ein weites Feld für mannigfache Entgegnungen. Um so mehr müssen wir uns darauf beschränken, in der Kürze nur die hauptsächlichsten zu geneigter Beachtung gehorsamst vorzulegen.

Was den Vorwurf einer „an sich ungehörigen“ Deutung des Bescheids eines verehrlichen Senats betrifft, so beehren wir uns die Antwort abschriftlich beizuschliessen, welche wir an Se. Excellenz abzusenden im Begriffe sind. (No. IX.)

Die Vergleichung des vorliegenden Falles mit dem der Herren Dr.Dr. Nauwerck und Märker glauben wir aus dem doppelten Grunde ablehnen zu dürfen, einestheils, weil es sich bei den Unterzeichneten nicht um Universitäts-Vorträge handelt, andrentheils, weil unsre langjährige Thätigkeit als Lehrer und Schriftsteller, weit entfernt unser Ausscheiden aus der Facultät oder Warnungen von derselben zur Folge gehabt zu haben, uns vielmehr von Seiten eines Hohen Ministerii nur wiederholte Anerkennung, von Seiten unsrer Facultäten und eines verehrlichen Senats aber, wie wir zu hoffen wagen, ein durch nichts geschwächtes Vertrauen zu der wissenschaftlichen Redlichkeit und dem besonnenen Anstande unsres litterarischen Wirkens erworben hat.

In Bezug auf die allgemeine Tendenz des von uns beabsichtigten Unternehmens haben wir bereits in dem Eingange unsres Gesuchs vom 8ten März das Nöthige erörtert. Wir konnten in der engeren Vereinigung von Wissenschaft und Leben nur den eignen Wünschen und Grundsätzen Sr. Excellenz nachzukommen glauben. Wenn wir uns zu diesem Zwecke einer auch in weiteren Kreisen verständlichen Sprache zu bedienen gedachten, so konnten wir darin nichts Nachtheiligeres sehn, als etwa in den seit Jahren hier wie an andren Orten immer beliebteren Vorlesungen, die von den berühmtesten Lehrern der Universität, um derselben Vereinigung von Leben und Wissenschaft willen, gewiss nicht ohne die Absicht lebendiger Einwirkung vor dem gemischtesten Publicum gehalten werden. Erscheint es für diesen Zweck angemessen die Form der Fachwissenschaften abzustreifen, und die Mitglieder der verschiedenen Facultäten zu demselben Vorhaben zu vereinigen, so durften wir nicht befürchten, dass unser Zusammentreten zur Herausgabe einer allgemein verständlichen Litterarischen Zeitschrift sich für uns als Universitäts-Lehrer nicht geziemen und der Bestimmung der einzelnen Facultäten unangemessen sein solle.

Ebensowenig unterscheidet sich, unsrem unmaassgeblichen Urtheil nach, die Tendenz unsres Unternehmens, formell genommen von dem bereits bestehenden der hiesigen litterarischen Zeitung.

Es kann demnach, wie sich von Neuem und in verstärktem Grade durch Sr. Excellenz amtliche Eröffnung herausstellt, nur eine bestimmte philosophische und theologische Richtung sein, welche, statt durch wissenschaftliche Widerlegung, durch administrative Maassregeln bekämpft werden soll.

In dieser Rücksicht beehren sich die Unterzeichneten einen verehrlichen Senat gehorsamst zu ersuchen:

> nach den oben gemachten Mittheilungen nunmehr auf die Erörterung der bereits in der gehorsamsten Eingabe vom 8ten März gestellten Frage eingehn zu wollen.

Der gnädigen Zusicherung Sr. Excellenz, dass unsre Lehrfreit keinerlei Beschränkung erleiden solle, können die Unterzeichneten nur um so dankbarer und freudiger Glauben schenken, je mehr dadurch eine Seite der in unsrem Gesuche vom 8ten März ausgesprochenen Befürchtungen erledigt ist.

Wenn Sr. Excellenz letzte Eröffnung uns noch bedeutet, wie unser Vorhaben geeignet sei, die hiesige philosophische Facultät so wie die gesammte Universität in Conflicte und Verlegenheiten zu bringen, so hegen die Unterzeichneten zu Einem verehrlichen Senat, als ihrem nächsten Vorstande, das offene und volle Vertrauen, dass Er die Besorgniss nicht the le, als könnten und wollten wir durch irgend einen unsrer litterarischen Zwecke die

Interessen und die Wohlfahrt derselben Hochschule gefährden, deren Gedeihen und Ruhm, so wenig wir auch zu leisten im Stande sein mögen, das Ziel und der Lohn jeder unsrer Bestrebungen sein wird.

In dieser Hoffnung haben wir die Ehre in tiefster Hochachtung zu verharren als

Eines verehrlichen Senats

ergebenste und gehorsamste
Prof. Dr. F. Benary. A. Benary.
Prof Lic. Vatke. Prof. Dr. H. G. Hotho.

Berlin den 11ten May 1844.

IX.

Hochwohlgeborner Herr,

Hochgebietender Herr Geheime-Staatsminister!

Ew. Excellenz haben die Gnade gehabt, den Unterzeichneten als Erwiederung auf ihr gehorsamstes Gesuch vom 11ten v. M. durch den Herrn Regierungsbevollmächtigten der hiesigen K. Universität einen mündlichen Bescheid ertheilen zu lassen. Dieser Eröffnung zufolge fühlen wir uns verpflichtet, Ew. Excellenz unsren ehrerbietigsten Dank für die Bestätigung zu sagen, durch welche Hochdieselben uns die Gewissheit verschaffen, dass in unsrer Zuschrift an einen verehrlichen Senat vom 8ten März d. J. die Gründe richtig und sachgemäss dargestellt sind, die Ew. Excellenz bewogen haben, uns die Concession zur Herausgabe einer neuen litterarischen Wochenschrift zu verweigern.

Ew. Excellenz erachten dagegen unsre Auffassung des uns von einem verehrlichen Senat zugekommenen Antwortschreibens vom 25ten März d. J. für unbegründet. Eine nähere Motivirung würde von Seiten der Unterzeichneten nicht unterblieben sein, wenn sie hätten glauben können, das genannte Schreiben lasse noch eine andere Deutung zu. Ohne diese Ueberzeugung würden sie gleich nach Empfang desselben einen verehrlichen Senat gehorsamst um eine authentische Interpretation seiner eigentlichen Meinung ersucht haben. Wir mussten jedoch eine derartige Bitte für unstatthaft halten, insofern die Ansicht, dass jene Erwiederung unklar, und einer mehrfachen Auslegung fähig sei, unmittelbar die Besorgniss in sich geschlossen hätte, ein verehrlicher Senat habe uns nur hinhalten oder ausweichend bescheiden wollen.

Mit dem obigen Vorwurf verbindet Hochderen amtliche Eröffnung vom 23sten v. M. den Verweis, dass unser Gesuch auf der an sich ungehörigen Annahme beruhe, Ew. Excellenz Verweigerungsgründe dürften sich geändert haben. Die Unterzeichneten können nach wiederholter Prüfung auch in den Worten ihrer gehorsamsten Eingabe vom 11ten v. M. nur die unumwunden gehorsamste Bitte ausgedrückt finden, Ew. Excellenz möge gnädigst bestätigen, dass sie Hochderen Ansicht richtig aufgefasst, und dieselbe der Wahrheit gemäss einem verehrlichen Senat dargestellt hätten. Sollte jedoch eine zu wenig geschickte Abfassung unsres Gesuchs der bedauerliche Anlass zu jener Misskennung unsrer Gesinnung geworden sein, so können wir diess nur beklagen, glauben indessen an Ew. Excellenz Gerechtigkeitsliebe die gehorsamste Bitte stellen zu dürfen, uns gnädigst von dem Vorwurf einer in Bezug auf Hochderen Ansicht „an sich ungehörigen" Annahme befreien zu wollen.

Was die nächste Pflicht betrifft, welche der bisherige Gang ihrer Angelegenheit den gehorsamst Unterzeichneten auferlegt, so haben sie geglaubt, Ew. Excellenz amtliche Eröffnung vom 23sten v. M. ihrer gemeinsamen Erinnerung möglichst getreu einem verehrlichen Senate mittheilen zu müssen, mit der gehorsamsten Bitte, jetzt ihr Gesuch vom 8ten März näher in Berathung zu ziehen.

Schliesslich beehren sich die Unterzeichneten an Ew. Excellenz die ehrerbietigste bereits vor dem Herrn Regierungsbevollmächtigten zu Protocoll gegebene Bitte zu wiederholen:

ihnen eine Abschrift jener amtlichen Eröffnung gnädigst ausfertigen und behändigen zu lassen.

In tiefster Verehrung und Ehrfurcht verharren wir

Ew. Excellenz

Berlin, den 11. Mai 1844.

allergehorsamste Diener

Prof. Dr. H. G. Hotho. Prof. Vatke.
Prof. Dr. F. Benary. Prof. Dr. A. Benary.

X.

Eine verehrliche philosophische (hochwürdige theologische*) Facultät der Königlichen Friedrich-Wilhelms-Universität

beehren sich die Unterzeichneten gehorsamst mit dem nachfolgenden Gesuch in einer Angelegenheit anzugehn, welche in ihrem Ursprunge zwar nur privater Art ist, in ihrem Verlaufe jedoch eine Gestalt angenommen hat, die es den Betheiligten zur Pflicht macht, das competente Urtheil und die geneigte Beihülfe einer verehrlichen Facultät in Anspruch zu nehmen.

Die nähere Sachlage ersuchen wir Dieselbe, gefälligst aus den beifolgenden gehorsamsten Eingaben No. I. und II. an den Senat der Königlichen Universität (vgl. No. IV. u. VIII.) ersehen zu wollen.

Es war bereits zur Zeit unsres ersten Gesuches vom 8ten März unser Wunsch, auch den geneigten Rath einer verehrlichen Facultät einzuholen. Da wir uns aber mit zweien unsrer Herren Collegen einer anderen Facultät zu demselben litterarischen Unternehmen vereinigt hatten, und ausserdem der für unsere Eingabe vorliegende Grund mehr die Königliche Universität als Gesammtcorporation zu betreffen schien, glaubten wir unsere Bitte zunächst an einen verehrlichen Senat allein richten zu müssen.

Der weitere Gang unsrer Angelegenheit hat jedoch

*) Vergl. den Schluss dieser Eingabe.

diesen früheren Standpunkt zum Theil verändert. Durch Snr. Excellenz amtliche Eröffnung vom 23sten April sind neue Seiten zur Sprache gekommen, die uns gebieten, uns nunmehr vorzugsweise an eine verehrliche Facultät zu wenden.

Sne. Excellenz deutet die Meinung an, dass die Tendenz unseres Unternehmens

> sowohl dem Zwecke der Universität überhaupt, als auch der Bestimmung der einzelnen Facultäten und dem Berufe der an denselben angestellten Lehrer nicht angemessen sei,

und fügt die Besorgniss hinzu,

> dass durch die von uns bezweckte Wochenschrift, mit Rücksicht auf die jetzigen Zeitverhältnisse, früher oder später für die hiesige Universität im Ganzen und für die philosophische Facultät insbesondere nur bedenkliche Conflicte und Verlegenheiten zu erwarten ständen.

Als das Hauptmotiv dieser Ansicht aber stellen Sne. Excellenz als Thatsache auf,

> unsere philosophischen Principien seien notorisch mit dem Wesen des bestehenden Staates und der bestehenden Kirche in allgemeinen Conflict gerathen.

Weder jene Ansicht noch diese Besorgniss, noch das Motiv, das beiden zu Grunde liegt, können die Unterzeichneten zugeben. Sie finden sich im Gegentheil zu der Ueberzeugung genöthigt, Sne. Excellenz unterscheide ihren Standpunkt und Zweck bei Herausgabe der beabsichtigten Wochenschrift nicht von den Grundsätzen und der Tendenz derjenigen Schriftsteller, welche in jüngster Zeit allzuoft die wissenschaftliche Erörterung mit dem Aufruf zu unmittelbar practischer Umwandlnng der bestehenden Verhältnisse in Kirche und Staat vertauscht haben; oder Sne. Excellenz hege mindestens die Besorgniss, dass wir den ähnlichen Richtungen auch in unserem Blatte würden Raum geben müssen.

Dieser Auffassung der amtlichen Eröffnung vom 23. April steht freilich theils der wirkliche Thatbestand, theils Sr. Excellenz frühere Zusichrung entgegen. Bei Scheidung und Characterisirung der verschiedenen Standpunkte der neuesten Philosophie und Theologie ist es bis jetzt unseres Wissens Niemandem beigekommen, die Unterzeichneten den Männern der oben angedeuteten Richtung zuzuzählen, und auch Se. Excellenz haben mündlich unserer Erklärung, dass wir dieser Richtung nicht angehörten, vollkommen Glauben geschenkt. Eben so haben Hochdieselben unsere freiwillige Versicherung nicht in Zweifel gezogen, die Redaction sei von uns nur in dem festen Willen und der Voraussicht übernommen, niemals durch Form oder Inhalt unseres Blattes mit der Königlichen Censur in Zwiespalt zu kommen.

Dennoch wissen, dieser Thatsache und mündlichen Zusichrung Sr. Excellenz ohnerachtet, die Unterzeichneten das jetzt noch verschärft motivirte Verbot ihres Unternehmens nur aus einem anhaltenden Verkennen ihrer gesammten wissenschaftlichen Richtung zu erklären.

Einer verehrlichen Facultät liegt diese Richtung zu competentem Urtheil offen vor, und wir wenden uns an Dieselbe in so vollerem Vertrauen, als uns durch die Entscheidung Sr. Excellenz Beschränkungen auferlegt worden sind, welche, unserem Ermessen nach, dem schriftstellerischen und academischen Wirken der Universitätslehrer im Allgemeinen hemmend in den Weg zu treten drohen. —

Seit langer Zeit bereits ist die Gründung und Redaction litterarischer Zeitschriften ausschliesslich fast in den Händen von Universitätslehrern gewesen, und je nach dem Bedürfniss und Zweck ist bald eine streng gelehrte, bald eine populärere Form der Darstellung vorgezogen worden.

Sr. Excellenz Verbot dagegen schliesst einen ähnlichen Verein von Lehrern der hiesigen Universität von diesem Zweige litterarischer Thätigkeit durch die blosse Angabe aus, dass die Richtung dieser Lehrer notorisch mit dem bestehenden Staate und der bestehenden Kirche in Conflict gerathen sei, und dass dieselbe für die Königliche Universität im Ganzen und die philosophische Facultät insbesondere durch eine litterarische Wochenschrift nur bedenkliche Conflicte und Verlegenheiten herbeiführen würde.

Insofern nun für diese zwiefache Voraussetzung nichts irgend factisch Begründetes vorliegt, und diese Männer ausdrücklich nur um ihres academischen Berufs und um ihrer Stellung als Professoren und Docenten an der Königlichen Universität willen in der Verbreitung ihrer Ansichten in dieser bestimmten Art und Form behindert werden sollen, glauben sich die Unterzeichneten zu dem gehorsamsten Gesuch verpflichtet,

> eine verehrliche Facultät möge sich in dem vorliegenden Falle aufgefordert finden, diesen Zweig schriftstellerischer Thätigkeit der Universitätslehrer vor hemmenden Beschränkungen wahren zu wollen.

Zum Schluss fügen wir nur die ergebenste Anzeige hinzu, dass unsre Collegen, die Herren Professoren, Dr. F. Benary und Lic. Vatke, gleichzeitig dasselbe gehorsamste Gesuch an eine hochwürdige theologische Facultät der hiesigen Universität gestellt haben.

Mit dem Ausdruck ehrerbietigster Hochachtung verharren die Unterzeichneten

als einer verehrlichen Facultät

gehorsamste Diener

Prof. Dr. Hotho.
Prof. Dr. A. Benary.

Berlin, den 17. Mai 1844.

XI.

Bescheid auf No. IX.

Ew. Wohlgeboren erwiedere ich auf die Eingabe vom 11ten d. Mts. folgendes:

Die Ertheilung oder Verweigerung von Concessionen zu Zeitschriften gehört zum Ressort des Königl. Ministeriums des Innern. Bei der Frage, in wiefern Ihr Gesuch um Ertheilung einer solchen Concession zulässig sei, kam auch in Betracht, dass sie als Professoren der hiesigen Universität von dem mir anvertrauten Ministerium ressortiren. Es wurde daher in dem Stadium der Erwägung der Motive, welche die Ertheilung zulässig oder bedenklich erscheinen lassen könnten, mein Gutachten gefordert. Um Ihnen einen Beweis von Offenheit und Vertrauen zu geben, theilte ich Ihnen in einer mündlichen Besprechung offen und unumwunden die Gründe mit, aus welchen ich mich von dem Standpunkte meines Ministeriums aus gegen die Ertheilung der Concession zur Herausgabe einer Zeitschrift, wie Sie solche nach dem von Ihnen vorgelegten Prospect beabsichtigten, aussprechen müsse. Es sollte diese Mittheilung, welche ich Ihnen vertrauensvoll machte, ehe ich officiell gegen das Ministerium des Innern mein Gutachten abgab, dazu dienen, Sie persönlich mit meiner, neben Festhaltung allgemeiner Grundsätze, zugleich Ihr eigenes, wahres Interesse wohlmeinend berücksichtigenden Auffassung der Natur und der Folgen Ihres beabsichtigten Unternehmens bekannt zu machen und Sie zu einer weiteren Erwägung desselben zu veranlassen. Ich hätte gewünscht, dass Ihre Erklärung mir eine fernere Communication mit dem Ministerium des Innern erspart hätte, dieselbe erfolgte jedoch in einer Art, dass ich nicht umhin konnte, das von mir erforderte Gutachten an das gedachte Ministerium abzugeben, was ich Ihnen auch sofort eröffnete.

Es war nun lediglich Sache der Behörde, welche die Concession zur Herausgabe von Zeitschriften zu ertheilen hat, nicht nur zu ermessen, ob die von Ihnen nachgesuchte Concession zu ertheilen oder zu verweigern sei, sondern auch, im Falle der Verweigerung, dem Motiv derselben den ihr geeignet scheinenden Ausdruck zu geben.

Diese Verhältnisse theils übersehend, theils verkennend haben Sie meine vertrauensvolle Eröffnung, die Sie persönlich anging, als eine solche aufgefasst, welche obwohl nur vor das Ressort der Censurbehörde gehörig, dennoch die corporative Gesammtheit der Universität interessire, und daher auch als eine Universitäts-Angelegenheit von Rector und Senat vertreten werden müsse. Wollten Sie vom privaten Standpunkte aus Ihr Unternehmen fallen lassen und nur, wie Sie sagen, eine wissenschaftliche Pflicht gegen die corporative Gesammtheit der Universität erfüllen, so hatten Sie weiter nichts zu thun, als dem Senate den ganzen Vorgang vollständig treu und wahr mit Ihrem Bedenken vorzutragen, dessen Sache es dann war, nach Maassgabe der Universitäts-Statuten die weiteren Schritte zu berathen und zu beschliessen. Ein Präjudicial-Punkt bei dieser Berathung musste es dann sein, ob es in der Befugniss der einzelnen Lehrer liege, ein Responsum von der Beschaffenheit, wie Sie es gewünscht, von dem Senate zu verlangen, oder in der Befugniss des Senats, ein solches zu ertheilen. Die Annahme, welche von Ihrer Seite dem Ansehen nach Statt gefunden hat, als ob der Ihnen von dem Rector und Senate unterm 25ten März c. ertheilte Bescheid eine amtliche Bestätigung desjenigen verlange, was ich Ihnen blos zu Ihrer persönlichen Aufklärung mündlich mitgetheilt hatte, um demnächst darüber nach Ihrem Antrage zu urtheilen, ermangelte jeder Begründung.

Um Ihnen jedoch jeden Zweifel zu benehmen, dass die Bedenken, welche ich in Beziehung auf die Ertheilung der Concession gegen Sie ausgesprochen, der Sache nach noch dieselben seien, habe ich auf Ihre Eingabe vom 11ten April Ihnen den wesentlichen Inhalt meiner früheren mündlichen Eröffnung, jedoch ebenso wie diese und mit derselben Beachtung der Ressortverhältnisse, nur zu Ihrer persönlichen Kenntnissnahme durch den ausserordentlichen Regierungs-Bevollmächtigten bei der Universität mündlich mittheilen und darüber, dass dies geschehen, zu meiner eigenen officiellen Information ein Protokoll aufnehmen lassen. Zu einer Mittheilung des Protokolls selbst an Ew. Wohlgeboren ist keine amtliche Veranlassung vorhanden, und ohne eine solche finde ich mich um so weniger in der Lage, dieselbe eintreten zu lassen, als auch die Mittheilung der Motive, aus welchen Ihnen das Ober-Präsidium der Provinz Brandenburg die nachgesuchte Concession verweigert hat, nicht zum Ressort des mir anvertraueten Ministeriums gehört.

Berlin, den 16ten Mai*) 1844.

Der Minister der Geistlichen, Unterrichts und Medizinal-Angelegenheiten.
gez. Eichhorn.

An
die ausserordentlichen Professoren,
Herrn Dr. Hotho, Dr. F. Benary,
Dr. A. Benary u. Licentiat Vatke.
Wohlgeboren
hierselbst.

No. 1295 B. J.

---

*) Eingegangen den 17ten, nach Abgang von Nr. X.

XII.

Hochwohlgeborener Herr,
Hochzuverehrender Herr Ober-Präsident!

Die Unterzeichneten hatten unter dem 7ten April v. J. an Ew. Hochwohlgeboren das gehorsamste Gesuch gestellt,

> Behufs Herausgabe einer Wochenschrift unter dem Titel „kritische Blätter für Leben und Wissenschaft" die erforderliche Concession an den mit unterzeichneten Prof. Dr. A. Benary geneigtest ertheilen zu wollen.

Leider sind wir auf dieses Gesuch unter dem 27sten Januar d. J. von Ew. Hochw. abschläglich dahin beschieden worden,

> dass sich aus unsren amtlichen Verhältnissen gegen das von uns beabsichtigte publicistische Unternehmen, in Betracht der im Prospectus angezeigten Tendenz desselben, Bedenken ergeben hätten, welche die Ertheilung der gewünschten Concession behinderten.

Unterdessen wurden uns durch die Huld Sr. Excell. des Herrn Minister der geistlichen, Unterrichts- und Medicinal-Angelegenheiten bereits die Gründe mitgetheilt, welche derselbe gegen das von uns beabsichtigte Unternehmen gutachtlich an Se. Excellenz den Herrn Minister des Innern abgegeben hat.

In der Ungewissheit, ob das Gewicht dieser Gründe allein, oder dieser Gründe in Verbindung mit andren uns unbekannten polizeilichen Bedenken die Veranlassung zur Verweigerung der von uns nachgesuchten Concession geworden ist, wagen wir an Ew. Hochw. die gehorsamsamste Bitte,

> uns näher die Bedenken geneigtest eröffnen zu wollen, welche die von uns gewünschte Concession behindert haben,

damit wir demnach unsrerseits, so viel irgend möglich, dieselben erledigen können.

In der Hoffnung einer geneigten Gewährung unsres gehorsamsten Gesuches, verharren wir in der tiefsten Verehrung

Ew. Hochwohlgeboren

gehorsamste

Prof. Dr. H. G. Hotho. Prof. Dr. F. Benary.
Prof. W. Vatke. Prof. Dr. A. Benary.

Berlin, den 25. Mai 1844.

XIII.

Den Herren, Professor Dr. Benary und Prof. Licentiat Vatke antwortet die theologische Facultät auf Ihr Schreiben vom 17ten d. M., dass sie eine Betheiligung bei der Angelegenheit einer von Ihnen herauszugebenden Zeitschrift als ausserhalb ihres Berufskreises und ihrer Competenz liegend betrachten muss.

Berlin, den 22. Mai 1844.

Die theologische Fakultät.

gez. D. Hengstenberg.

An
die Herren, Professor Dr. Benary
und Prof. Licentiat Vatke.
Hochwürden
hier.

XIV.

Bescheid auf No. VIII.

Ew. Hochwürden und Wohlgeboren

bin ich verpflichtet in Beziehung auf Ihr geehrtes Schreiben vom 11ten d. M. nach einem in der am 15ten gehaltenen Sitzung gefassten Beschlusse des Senats hiesiger Universität die Erklärung zu geben, dass nach näherer Kenntnissnahme von den auf die fragliche Angelegenheit bezüglichen Thatsachen der Senat keine Veranlassung finde im Gesammtinteresse der Universität auf diese Angelegenheit einzugehen, und daher auch über fernere Schritte, die Sie etwa zu thun nach eigener Erwägung angemessen finden möchten, keine Meinung aussprechen könne.

Berlin, den 20. Mai 1844.

gez. Lachmann.

An
die Herren Professoren Dr. F. Benary,
Licentiat Vatke, Dr. Hotho, und an
den Herrn Professor Dr. A. Benary.
Hochwürden und Wohlgeboren.

1231.

XV.

Hochwohlgeborener Herr!

Hochgebietender Herr Geheimer Staatsminister!

Ew. Excellenz gnädige Erwiederung auf unser gehorsamstes Gesuch vom 11ten Mai gebietet uns vor allem, Hochdenselben den ehrerbietigsten Dank auszusprechen für die wohlgeneigte Belehrung, welche uns über die unsere Angelegenheit betreffende Ressortverhältnisse aufgeklärt hat, so wie für die wohlwollende Aeusserung, dass Ew. Excellenz gutachtliche Verwerfung unseres beabsichtigten litterarischen Unternehmens, neben Festhaltung allgemeiner Grundsätze, zugleich aus wohlmeinender Berücksichtigung unseres eigenen wahren Interesses entsprungen sei.

Die Unterzeichneten glauben den Beweis, dieser Gunst nicht unwürdig zu sein, durch nichts deutlicher ablegen zu können, als durch die aufrichtige Versicherung, dass sie den Plan zu dem beregten Vorhaben niemals gefasst, noch die ersten Schritte zu dessen Ausführung jemals gethan haben würden, wenn sie irgend hätten die Möglichkeit einer Verweigerung der Concession voraussehn können; weshalb sie auch unbedenklich zur Herausgabe einer Wochenschrift statt einer Monatsschrift sich entschieden hatten.

Weder den practischen Staatsmännern noch den unmittelbaren Dienern der Kirche zugehörig, glaubten wir dennoch die factischen Zustände, der Pflicht jedes Staatsdieners und Bürgers gemäss, genug zu kennen, um die Ueberzeugung festhalten zu dürfen, dass unsere wissenschaftliche Richtung nicht in einen allgemeinen Conflict mit den Grundgebieten des Lebens gerathen sei. Um so fester müssen wir uns auch jetzt noch in der Ueberzeugung bestärkt finden, dass Ew. Excellenz, statt der wirklichen Tendenz und Richtung unseres Vorhabens, vielmehr Grundsätze und Zwecke anderer Schriftsteller im Auge gehabt haben, zu denen wir uns weder bisher bekannt noch jetzt bekennen.

Diese Ueberzeugung waren wir bereits so frei gewesen vor Ew. Excellenz in der gnädigst befohlenen Audienz am 29. Dec. v. J. auszusprechen. Ew. Excellenz haben sich nicht bewogen gesehn, dieselbe zu berücksichtigen, sondern, wie wir in Folge jener Eröffnung annehmen müssen, ein hohes Ministerium des Innern veranlasst, die von uns erbetene Concession zu verweigern. Durch das weitere Bekanntwerden dieses abschlägigen Bescheides sowie Hochderen gutachtlicher Motive sind wir in eine Lage versetzt, deren Eigenthümlichkeit, wie wir zu hoffen wagen, vor Ew. Excellenz Selber alle Schritte rechtfertigen wird, die wir bisher in dieser Angelegenheit für unvermeidlich haben erachten müssen.

Der Vorwurf, in unsrer wissenschaftlichen Thätigkeit eine Richtung zu verfolgen, die mit dem Staat und der Kirche, wie sie sein könnten und dürften, schlechthin unverträglich, ja mit dem bestehenden Staat und der bestehenden Kirche notorisch in allgemeinem Conflicte sei, schien uns einerseits geeignet, unsre Wirksamkeit als Lehrer zu hemmen, und in weiterem Kreise unseren litterarischen Ruf zu beeinträchtigen; andrerseits glaubten wir eine durch lange Gewohnheit und verdientes Vertrauen anerkannte Befugniss der Universitätslehrer, an die Spitze litterarischer Zeitungen treten und deren Redaction führen zu dürfen, in uns durch unverdientes Misstrauen gefährdet. Gerade unsere amtliche Stellung und unsre Philosophie sollten uns von einem Zweige litterarischer Wirksamkeit ausschliessen, zu welcher uns diese Stellung und diese Philosophie ganz vorzüglich aufzufordern schienen.

So war es ebenso unsre wissenschaftliche Ehre, als die Rücksicht auf unsren amtlichen Beruf, welche uns gebieten mussten, bei der Verweigerung der Concession uns nicht zu beruhigen.

Indem es sich aber nicht um das materielle Gelingen unsres litterarischen Unternehmens handelte, sondern um die Motive, aus welchen uns dasselbe verboten war, glaubten wir des formellen Weges überhoben zu sein, ein hochlöbliches Königl. Ober-Präsidium der Provinz Brandenburg um geneigte Mittheilung der Motive gehorsamst anzugehn. Ew. Excellenz mündliche Eröffnung hatte uns bereits darüber aufgeklärt, dass unsrem Vorhaben von Seiten eines hohen Ministerium des Innern keine Schwierigkeiten entgegenständen, so dass die Entscheidung über dessen Zulässigkeit von dem Herrn Minister des Innern in Hochderen Hände gelegt worden sei. Die uns von einem hochlöblichen Ober-Präsidio kundgegebene Verweigerung „wegen Bedenken, die sich aus unsren amtlichen Verhältnissen in Betracht der im Prospectus angezeigten Tendenz unsres Unternehmens ergeben hätten,“ konnten wir deshalb nur den mit diesen Bedenken übereinstimmenden gutachtlichen Gründen Ew. Excellenz beimessen. Dieses Sachverhältniss haben wir einem verehrlichen Senat der Königl. Universität, so weit es uns durch Hochderen gnädige Mittheilung war bekannt geworden, vollständig treu und wahr mit unsren Bedenken vorgetragen. Doch nicht zu dem Zwecke, um dadurch, wie Ew. Excellenz letzte Zuschrift angiebt, eine wissenschaftliche Pflicht gegen die corporative Gesammtheit der Universität zu erfüllen, und unser Unternehmen als eine Universitäts-Angelegenheit von Rector und Senat vertreten zu lassen, sondern von dem ausdrücklich festgestellten Gesichtspunkte aus, dass wir einen verehrlichen Senat glaubten um Seinen geneigten Rath in Betreff der weiteren Verfolgung unsrer Angelegenheit ersuchen zu müssen, insofern dieselbe die gemeinsamen Interessen der Universität möglicher Weise hätte gefährden können.

Leider haben sich die Unterzeichneten hiedurch Ew. Excellenz Missfallen zugezogen, weil Hochderen vertrauensvoll eröffneten Motive uns, wie Ew. Excellenz schreiben, persönlich angingen und nur vor das Ressort der Censurbehörde gehörten. Unserer eigenen corporativen Behörde gegenüber erschien uns jedoch diese Mittheilung um so unbedenklicher, als Ew. Excellenz ausdrücklich die unbeschränkte Verbreitung der uns dargelegten Beweggründe gestattet hatten, und der Inhalt derselben zum Theil der Art war, dass er uns nicht nur persönlich anging, sondern die ganze Richtung einer philosophischen Schule betreffen musste.

Aus diesen Gründen glauben die gehorsamst Unterzeicheten auf Ew. Excellenz Verzeihung rechnen zu dürfen, wenn sie erst jetzt nachträglich, Hochderen Andeutung gemäss, unter dem 25sten d. an ein hochl. Königl. Ober-Präsidium der Provinz Brandenburg, die gehorsamste Bitte gerichtet haben, ihnen geneigtest die näheren Motive mittheilen zu wollen, welche die nachgesuchte Concessionirung ihres beabsichtigten Unternehmens behindert hätten.

Missfälliger noch, zu unserem Bedauern, haben Hochdieselben die Deutung aufgenommen, deren uns der Bescheid eines verehrlichen Senats vom 25sten März c. allein fähig schien. Ew. Excellenz wiederholen in Hochderen Zuschrift vom 16ten Mai, dass diese Deutung jeder Begründung ermangle. Denn bei der Berathung des Senats hätte es ein Präjudicial-Punkt sein müssen, ob es in der Befugniss der einzelnen Lehrer liege, ein Responsum, wie wir es gewünscht, von dem Senate zu verlangen, oder in der Befugniss des Senats, ein solches zu ertheilen.

Den Unterzeichneten können weder die Rechte noch die Pflichten des Senats bekannt sein. Wenn ein verehrlicher Senat, statt unsere gehorsamste Bitte um geneigten Rath aus Gründen jenes Präjudicial-Punktes abzuweisen, uns dahin beschieden hat, dass er bedaure, aus Mangel amtlich beglaubigter Thatsachen für jetzt auf die Sache selbst nicht eingehen zu können, so glauben wir, subjectiv mindestens, unsere Deutung dieses Bescheides entschuldigen zu können.

Sollten wir auch hierin irren, so müssen wir Ew. Excellenz um so dankbarer für die amtliche Eröffnung verpflichtet sein, welche Hochdieselben uns durch den Herrn Königlichen ausserordentlichen Regierungs-Bevollmächtigten haben vorlesen lassen. Die Zusichrung vornehmlich, dass unserer Lehrfreiheit keine Beschränkung drohe, insofern wir uns in der That in den Gränzen der Wissenschaft hielten, hat uns in dieser Rücksicht völlige Beruhigung gegeben. Sowohl diese Zusichrung als auch die Weise, in welcher Ew. Excellenz das Verhältniss unserer Wochenschrift zur Universität im Ganzen und dem Beruf der academischen Lehrer, sowie zu der Aufgabe der einzelnen Facultäten feststellen, glaubten wir keinen Anstand nehmen zu dürfen, sowohl einem verehrlichen Senat, als auch der philosophischen und theologischen Facultät vorzulegen (vergl. VIII. u. X.).

Die gnädigst gestattete Einsicht in das über Hochderen amtliche Eröffnung aufgenommene Protokoll hat uns in den Stand gesetzt, den Text jener Eröffnung eben so sach- als wortgetreu aus dem Gedächtniss niederschreiben zu können. Aber auch ohne diesen Umstand würden wir, den wohlbegründeten Willen Ew. Excellenz ehrend, die Bitte um eine Abschrift des Protokolls nicht zu wiederholen wagen.

In tiefster Ehrfurcht verharren die Unterzeichneten

als Ew. Excellenz

allergehorsamste, allerergebenste

Prof. Dr. H. G. Hotho. Prof. Dr. F. Benary.
Prof. W. Vatke. Prof. Dr. A. Benary.

Berlin, den 3. Juni 1844.

XVI.

Bescheid auf No. XII.

Auf Euer Wohlgeboren Vorstellung vom 25sten Mai c., in welcher Sie die Mittheilung der Bedenken in Antrag bringen, die zur Versagung der von Ihnen nachgesuchten Concession zur Herausgabe einer Wochenschrift unter dem Titel „Kritische Blätter für Leben und Wissenschaft", Anlass gegeben haben, erwidere ich Ihnen, dass mein Erlass vom 27sten Januar c. den Grund jener Versagung enthält, und um so weniger Veranlassung vorhanden ist, über denselben in Erörterungen einzugehen, als das Gesetz nicht verordnet, dass bei Versagung einer solchen Concession die Gründe dem Nachsuchenden mitgetheilt oder näher gegen ihn entwickelt werden.

Potsdam, den 14ten Juni 1844.

Der Ober-Präsident der Provinz Brandenburg
gez. v. Meding.

An
die Herren Professoren, DD. Hotho,
F. Benary, Vatke und A. Benary,
Wohlgeboren
zu Berlin.

O. P. No. 2459.

XVII.

Bescheid auf No. X.

Ew. Wohlgeboren erwiedere ich nach dem Beschluss der philosophischen Facultät hiesiger Universität in ihrer heutigen Sitzung auf Ihr Schreiben an dieselbe vom 17ten Mai das Folgende ergebenst.

Wie wichtig es auch der philosophischen Facultät ist, das Prinzip der freien wissenschaftlichen und literarischen Thätigkeit der Universitätslehrer zu bewahren, und sie daher auch einem Unternehmen, wie dem von Ihnen beabsichtigten einen ungehinderten Fortgang wünschen würde, so hat sie es doch nach reiflicher Erwägung ihrer Stellung und der vorliegenden Thatsachen nicht für angemessen erachten können, bei der durch Ihr Schreiben veranlassten Eingabe an die vorgesetzte hohe Behörde, für diesen besonderen Fall sich zu verwenden. Die philosophische Facultät kann als wissenschaftliche Corporation nur das eigentlich wissenschaftliche Element vertreten, während der vorliegende Prospectus die Einwirkung auf das Leben entschieden in den Vordergrund stellt. Ueberdies hat bereits derjenige der Theilnehmer, der an die Spitze des Unternehmens getreten, in einem an Se. Excellenz den Herrn Geh. Staatsminister Eichhorn gerichteten Gesuche den durch die Verweigerung der Herausgabe herbeigeführten pecuniären Schaden als einen Grund zur Verbesserung seiner Lage und Stellung geltend gemacht; und zwar mit der Bemerkung, dass, wenn Sr. Excellenz aus höheren Staatsrücksichten diesem Unternehmen glaubten entgegentreten zu müssen, er weit entfernt sei, seine Privatinteressen solchen Rücksichten entgegen halten zu wollen;*) — und hiernach muss der philosophischen Facultät das Unternehmen bereits als aufgegeben erscheinen.

Berlin, den 27sten Juni**) 1844.

Der Decan der philosophischen Facultät hiesiger Universität
gez. Dieterici.

An
den ausserordentlichen Professor
Herrn Dr. Hotho
und
den Privatdocenten Herrn
Professor Dr. A. Benary
Wohlgeboren
hier.

---

*) Vergleiche über diesen Vorwurf die Entgegnung in der Broschüre: „zur Geschichte der Herausgabe der Zeitschrift für Wissenschaft und Leben und meiner Theilnahme an derselben, von Prof. Dr. Agathon Benary. Berlin, bei Veit & Comp. 1844." welche die hierher gehörende Thatsache vollständig erörtert, die Stelle einer Privateingabe an Se. Excellenz, auf welche der obige Bescheid Rücksicht nimmt, wortgetreu mittheilt, und so die unbegründeten Folgerungen und Verdächtigungen ausschliesst, zu welchen die veränderte Fassung der Facultät Veranlassung gegeben hat. A. Benary.

**) eingegangen den 4ten Juli.

XVIII.

Eine verehrliche philosophische Facultät

hat das gehorsamste Gesuch der Unterzeichneten vom 17ten Mai c. dahin beantwortet, dass die Facultät es nach reiflicher Erwägung ihrer Stellung in den vorliegenden Thatsachen nicht für angemessen erachten könne bei der durch unser Schreiben veranlassten Eingabe an die vorgesetzte hohe Behörde für diesen besonderen Fall sich zu verwenden.

Das Hauptgewicht unsres gehorsamsten Antrags haben wir selber in die ergebenste Bitte gelegt, eine verehrliche Facultät möge das durch Gewohnheit wie durch die Sache selbst begründete gemeinsame Recht der Universitäts-Lehrer zur Herausgabe und Redaction wissenschaftlicher Zeitschriften vor hemmenden administrativen Beschränkungen zu wahren.

Insofern nun, wie wir vermuthen müssen, die Eingabe einer verehrlichen Facultät zwar nicht im speciellen Interesse unsrer Angelegenheit, doch überhaupt diese principielle Frage, in Zustimmung zu dieser Seite unsres Gesuchs und auf Anlass desselben, zum Gegenstande hat, so glauben wir in unsrem und in unserer mitbetheiligten Herren Collegen Namen die gehorsamste weitere Bitte wagen zu dürfen,

> dass es eine verehrliche Facultät für geeignet halten möchte, uns die beregte Eingabe in Abschrift zufertigen zu lassen, und falls dies ausser Ihrer

Befugniss liegen sollte, die Erlaubniss zu dieser Mittheilung bei der vorgesetzten hohen Behörde erwirken zu wollen.

Mit dem Ausdrucke ehrerbietigster Hochachtung verharren die Unterzeichneten als

einer verehrlichen Facultät

gehorsamste Diener

Prof. Dr. A. Benary. Prof. Dr. H. G. Hotho.

Berlin, den 12ten Juli 1844.

XIX.

Hochwohlgeborner Herr!
Hochgebietender Herr Geheimer-Staats-Minister!

Ew. Excellenz wagen die Unterzeichneten allergehorsamst noch einmal in einer Angelegenheit anzugehn, mit welcher sie Hochdieselben wider Willen zu behelligen schon mehrfach genöthigt gewesen sind. Da Hochderen amtliche Eröffnung vom 23sten April ausser den früher ausgesprochenen gutachtlichen Verweigerungsgründen auch noch die bedenklichen Conflicte und Verlegenheiten hervorhob, die unser Unternehmen der Universität überhaupt und der philosophischen Facultät insbesondre bereiten müsste, so glaubten wir uns, wie dies bereits unser gehorsamstes Schreiben vom 3ten Juni anführt, genöthigt, uns nunmehr auch an die beiden Facultäten zu wenden, denen wir zugehören.

Die theologische Facultät hat in ihrem Antwortschreiben v. 22sten Mai c. die Betheiligung bei dieser Angelegenheit als ausserhalb ihres Berufskreises und ihrer Competenz liegend, abgelehnt, die philosophische dagegen hat sich durch unser gehorsamstes Gesuch zu einer Eingabe an Ew. Excellenz veranlasst gefunden.

Obschon nun diese Eingabe, wie wir aus dem Bescheide der verehrlichen Facultät v. 27sten Juni c. ersehn, sich nicht für unsere specielle Angelegenheit verwendet — ein solches Gesuch hatten wir auch keineswegs gestellt — so glauben wir doch voraussetzen zu dürfen, dass die philosophische Facultät, in Einklang mit unserer gehorsamsten Bitte, versucht habe, die einzelne oder vereinte schriftstellerische Thätigkeit der Universitätslehrer vor administrativen Beschränkungen möglichst zu wahren.

Das Gelingen eines solchen Versuchs aber, und nicht das materielle Gelingen unseres schon früher aufgegebenen Unternehmens, ist von Anfang an das Ziel unserer bisherigen Schritte gewesen. Wir glauben deshalb unsererseits bei so würdiger Vertretung dieser gemeinsamen Sache die etwa noch für nöthig zu erachtenden Schritte vorerst einer verehrlichen Facultät überlassen zu müssen.

In diesem Sinne könnten wir, was uns betrifft, die fragliche Angelegenheit als beendigt betrachten. Es liegt uns aber noch eine andere Pflicht theils gegen die Mitarbeiter ob, die uns für die beabsichtigte Zeitschrift ihre Hülfe bereits zugesagt hatten, theils gegen uns selbst im Verhältniss zur Litteratur und zum Publicum überhaupt.

Ew. Excellenz haben unsere wissenschaftliche Richtung angeschuldigt, und der Inhalt dieser Anschuldigungen ist, nicht auf unseren Anlass, veröffentlicht worden, überhaupt ist der Thatbestand von anderer uns unbekannter Seite her mehrfach in verfälschter Weise dargestellt worden.

Dies darf uns in Bezug auf unsre litterärische Stellung nicht gleichgültig sein. Die Berichtigung entstellter Thatsachen wie die Rechtfertigung unseres bisherigen Verfahrens glauben wir in keiner andren Art sachlicher bekannt machen zu können, als durch den Abdruck unserer sämmtlichen eingereichten Gesuche und der darauf erfolgten Bescheide.

Unsere allergehorsamste Bitte geht deshalb dahin, dass Ew. Excellenz uns hiezu gnädigst Hochderen Erlaubniss, falls dieselbe erforderlich sein sollte, ertheilen möchten. Denn wir können in dieser, wie in jeder anderen Angelegenheit nichts unternehmen wollen, was als unseren Dienstverhältnissen zuwiderlaufend gedeutet werden könnte.

Sollten Ew. Excellenz, Hochderen billiger und gerechter Gesinnung entgegen, Sich durch höhere Rücksichten auch zur Verweigerung dieses gehorsamsten Gesuches veranlasst sehen, so würden wir uns, ungern freilich, auf eine genaue Erzählung des bisherigen Verlaufs, ohne directen Beleg durch Actenstücke, beschränkt finden, und dann wenigstens hoffen dürfen, dass Hochdieselben gegen diese Art der Veröffentlichung nichts könnten zu erinnern haben.

In der Zuversicht, dass Ew. Excellenz jedoch unsere obige allergehorsamste Bitte genehmigen werden, haben wir die Ehre in tiefster Ehrfurcht zu verharren als

Ew. Excellenz

allerergebenste allergehorsamste

Prof. Dr. H. G. Hotho. Prof. Dr. F. Benary.
Prof. W. Vatke. Prof. Dr. A. Benary.

Berlin, d. 18ten Juli 1844.

XX.

Auf die Eingabe vom 18ten d. Mts. erwiedere ich Ew. Wohlgeboren, dass die hiesige philosophische Facultät, nach dem mir erstatteten Berichte, Ihr Gesuch, sich Ihrer wegen Herausgabe einer Wochenschrift „kritische Blätter für Leben und Wissenschaft" anzunehmen und diesen Zweig schriftstellerischer Thätigkeit der Universitätslehrer vor hemmenden Beschränkungen zu wahren, deshalb zurückgewiesen, weil die Facultät, als wissenschaftliche Corporation, nur das eigentlich wissenschaftliche Element zu vertreten habe, der Prospectus der von Ihnen beabsichtigten Zeitschrift aber die Einwirkung auf das Leben entschieden in den Vorgrund stelle. Da die Königliche Censur - Behörde Ihnen, mit Rücksicht auf Ihre amtliche Stellung bei der Universität, die zur Herausgabe der gedachten Zeitschrift, mit der durch den Prospect angedeuteten Tendenz nachgesuchte Concession aus demselben Grunde verweigert hat, aus welchem Sie von der philosophischen Facultät abschlägig beschieden worden sind, so lag in diesem speciellen Falle eine begründete Veranlassung nicht vor, die einzelne oder vereinte schriftstellerische Thätigkeit, für welche den Universitätslehrern volle Freiheit gestattet ist, vor administrativen Beschränkungen zu wahren.

Was Ihren Wunsch betrifft, Ihre „in Beziehung auf die Concessionirung der von Ihnen beabsichtigt gewesenen Zeitschrift, eingereichten Gesuche und die darauf erfolgten Bescheide durch den Druck zu veröffentlichen, so gehört die Beurtheilung und Entscheidung darüber: ob Ihnen dazu die Erlaubniss zu ertheilen sei, lediglich zum Ressort der Censurbehörde.

Ilsenburg, den 28sten Juli 1844.

Der Minister der geistlichen, Unterrichts- und Medicinal-Angelegenheiten.

gez. Eichhorn.

An
den Herrn Professor Dr. A. Benary
und Genossen
Wohlgeboren
zu Berlin.

2326. B.

XXI.

Bescheid auf No. XVIII.

Ew. Wohlgeboren benachrichtige ich nach Facultätsbeschluss vom 8ten d. M. ergebenst, dass der Herr Geh. Staats-Minister Eichhorn Excellenz mittelst Rescripts vom 30sten v. M. auf desfallsige Anfrage der philosophischen Facultät genehmigt hat, dass Ihnen der wegen Verweigerung der Herausgabe der Zeitschrift „kritische Blätter etc. von der philosophischen Fakultät an des Herrn Geheimen Staats-Ministers Eichhorn Excellenz erstattete Bericht mitgetheilt werde, jedoch nur unter der Bedingung, dass Sie zugleich Abschrift der Erwiederung des Herrn Ministers Excellenz vom 12ten v. M. erhalten.

Hiernach werden Ew. Wohlgeboren anliegend Abschriften der Eingabe der philos. Fakultät vom 27. Juni und des darauf erfolgten Ministerial-Rescripts vom 12ten July anbei zugesandt.

Berlin, den 9ten August 1844.

Der Decan der philosophischen Fakultät im Namen und Auftrage derselben.

gez. Dieterici.

An

den Professor extraordin. Herrn Dr. Hotho

und

den Privatdocenten Herrn Professor Dr. Ag. Benary.

Wohlgeboren.

590.

XXII.

1ste Beilage zu No. XXI.

Copia.

Berlin, den 27. Juni 1844.

An

des K. G. Sts.-Ministers u. Ministers der geistl. etc. Angelegenheiten etc. Herrn Eichhorn Excellenz.

Betreffend: die dem Professor Hotho und Privatdocenten etc. Dr. A. Benary versagte Einwilligung zur Herausgabe „kritischer Blätter für Leben und Wissenschaft.“

Der ausserordentliche Prof. Dr. Hotho und der Privatdocent, Prof. Dr. A. Benary haben sich an die unterzeichnete philos. Fakultät gewandt und unter Einreichung ihrer Eingaben an Ew. Excellenz und den Senat der Universität gebeten, dass sich die philosophische Fakultät bei der ihnen verweigerten Concession zur Herausgabe einer Wochenschrift „kritische Blätter für Leben und Wissenschaft“ ihrer annehmen und sich in dem vorliegenden Fall aufgefordert finden möge, diesen Zweig schriftstellerischer Thätigkeit der Universitätslehrer, die Herausgabe solcher Zeitschriften, vor hemmenden Beschränkungen wahren zu wollen.

Die philosophische Fakultät hat die besondere Gestalt des ganzen Falles nicht verkannt und daher in der abschriftlich beigeschlossenen Antwort das Gesuch abgelehnt.

In den der Fakultät eingesandten Acten sind indessen Fragen zur Sprache gekommen, welche das eigene Wesen der Fakultät und die Wirksamkeit ihrer Glieder aufs Nächste berühren; und da darin zugleich Ansichten der hohen Behörden niedergelegt sind, welche auch für künftige Fälle der Anwendung von der grössten Bedeutung sind: so war die Fakultät, inwiefern sie auf amtlichem Wege zu deren Kenntniss gekommen war, verpflichtet, ihnen die gebührende Aufmerksamkeit zu widmen; und sie würde gegen das Vertrauen, das sie beseelen muss, fehlen, wenn sie Ew. Excellenz nicht zu bitten wagte, das Folgende als Ergebniss einer ausführlichen Berathung ehrerbietigst vortragen zu dürfen. Nach vorgängiger Prüfung dürfte sie die ihr gewordenen Mittheilungen, die der Natur der Sache nach auf die äusserste Genauigkeit des Einzelnen keinen Anspruch machen können, doch im Allgemeinen als thatsächlich annehmen. Sollte sie sich jedoch in dieser Voraussetzung oder ihrer Auffassung geirrt haben, so würde sie bei der Wichtigkeit der Sache die Aufklärung ihres Missverständnisses auf das dankbarste erkennen:

Ew. Excellenz wollen der ganz gehorsamst unterzeichneten Fakultät erlauben, zunächst den Erlass des Königl. Ober-Präsidenten der Provinz Brandenburg, Herrn v. Meding, vom 27sten Januar d. J. an die Professoren Dr. Hotho, F. Benary, A. Benary und Vatke zu berühren.

Es heisst darin, dass sich aus der genannten Professoren amtlichen Verhältnissen Bedenken ergeben haben, welche die Ertheilung einer Concession zur Herausgabe einer Wochenschrift: „kritische Blätter für Leben und Wissenschaft“ behindern.

Nach dem Zusammenhang der Verhandlungen ist, wie es scheint, in diesen Worten die Ansicht ausgedrückt, dass gegen die Herausgabe, wenn die Unternehmer blosse Literaten wären, nichts würde einzuwenden sein; aber als Professoren und Docenten der Königl. Universität müsse ihnen die Erlaubniss verweigert werden.

Das Leben und die Wirksamkeit der deutschen Universitäten ist dergestalt durch die engste und freieste Verbindung ihrer Lehrer mit der Literatur bedingt, dass selbst die Beschränkung in einem ganz einzelnen Zweige der Literatur und die Behinderung des Zusammenwirkens für literarische Zwecke dem Gedeihen des Ganzen Gefahr bringen kann. Wäre es möglich, dass in den amtlichen Verhältnissen der Universitätslehrer besondere Hindernisse einer freien literarischen Thätigkeit gefunden würden: so wären die Professoren, die gerade durch ihren Beruf auf die Literatur angewiesen sind, gegen alle andern Schriftsteller, die lediglich durch die Vorschriften der Königl. Censur begrenzt sind, zurückgesetzt; und jene innige Verbindung mit der Literatur, der Stolz und der Halt der deutschen Universitäten, wäre bedroht. Es ist ohne Zweifel in das Ermessen der hohen Behörden gestellt, auch Universitäts-Lehrern eine Einwilligung zu Zeitschriften zu versagen; aber so lange solche Unternehmungen noch mit der Wissenschaft im Zusammenhang stehen, dürfte sich in den amtlichen Verhältnissen der Professoren, wie diese in der Verfügung des Königl. Oberpräsidiums ausdrücklich als Hinderniss bezeichnet werden, in ihrer Stellung als Universitätslehrer, nur eine Befürwortung solcher Gesuche, aber kein Bedenken gegen sie finden können. Wenigstens ist dieser Glaube zum Heile der Wissenschaft und der Wirksamkeit mit dem edlern Selbstgefühl der deutschen Universitäts-Lehrer verwachsen. Wenn noch im Jahre 1816 die Statuten unserer Universität (§. 7.) den ordinariis ausser in zeitigen politischen Verhältnissen Censurfreiheit gewährten, so war damals darin anerkannt, dass Thätigkeit an der Universität und Rechte in der Literatur unter sich eine innere Verbindung haben. Es wurde damals wenigstens für die ordentlichen Professoren aus deren Stellung eine grössere Freiheit der literarischen Mittheilung abgeleitet und in dem vorliegenden Falle wird umgekehrt durch die Stellung der Universitätslehrer eine Verminderung derselben Freiheit begründet. Der Erfolg in der Literatur und die Wirksamkeit an der Universität, die Bedeutung und das Ansehen, das sich öffentliche Lehrer in der Wissenschaft und also auch durch Arbeiten in Zeitschriften erwerben, und die Theilnahme der Studirenden an ihren Vorlesungen hängen auf das Engste zusammen und beide pflegen mit einander zu steigen und zu sinken. Eine Beschränkung in der Literatur kann daher mittelbar als eine Beschränkung an der Universität wirken. In Deutschland sind namentlich seit mehr als einem halben Jahrhundert die Literaturzeitungen mit den Universitäten verknüpft. Auf vielen Hochschulen bildeten sich Genossenschaften der Professoren für Zwecke der wissenschaftlichen Kritik, die auch dem Leben nicht fremd blieb. Man betrachtet diese literarische Thätigkeit wie ein Gewohnheitsrecht der Universitätslehrer, das sich auf ihre Stellung zur Wissenschaft gründe; und die Regierungen schienen in dem öffentlichen Amt der Herausgeber eine Gewähr zu sehen. Erst als in neuster Zeit sich solche Unternehmungen von den Universitäten trennten, wie z. B. die deutschen Jahrbücher thaten, hatte man Grund über die unwissenschaftlichen Uebergriffe solcher ursprünglich wissenschaftlichen Organe zu klagen.

In diesem Sinne wünscht die ehrerbietigst unterzeichnete Fakultät die amtlichen Verhältnisse ihrer Glieder vertreten zu dürfen, wenn sie zu einem Grunde werden könnten, eine Einwilligung zu einem literarischen Unternehmen, welche sonst gewährt sein würde, Universitätslehrern zu versagen.

In der durch den Herrn Regierungs-Bevollmächtigten den betreffenden Professoren unterm 23sten April d. J. gewordenen Eröffnung bezieht sich eine Stelle auf die Verhältnisse der philosophischen Fakultät insbesondere und zwar inwiefern ihr die Aufsicht über die Lehre zusteht. Es werden darin mit Rücksicht auf die jetzigen Zeitverhältnisse früher oder später sowohl für die hiesige Universität im Ganzen als auch für die philosophische Fakultät insbesondere nur bedenkliche Conflicte und Verlegenheiten erwartet, wenn die Unternehmer von dem besondern Standpunkt ihrer Philosophie, die notorisch mit dem Wesen des bestehenden Staates und der bestehenden Kirche in Conflict gerathen, nach Maassgabe des Prospectus auf die Gestaltung des Lebens und der Gesellschaft einzuwirken sich zur Aufgabe machten.

Die unterzeichnete Fakultät bescheidet sich nur das wissenschaftliche Element als ihr eigentliches Theil anzusprechen; aber wenn sie es als die edelste Seite der Wissenschaft ansehen muss, dass sie still und nach dem Maass der geistigen Kraft, die in ihr ist, auf das Leben Einfluss übt: so darf sie auch mögliche Conflicte mit dem Leben nicht scheuen, wenn diese ihr durch einen Zusammenhang mit der Wissenschaft herbeigeführt werden. Sie muss einmal nach dem ihr als philosophische Fakultät gegebenen Standpunkt den philosophischen Gegensätzen freien Raum wünschen und dem streitbaren Geist der Wissenschaft, der die Wahrheit nicht im Stiche lässt, vertrauen, damit Einseitigkeit verhütet werde und dem Fortschritt der Antrieb nicht fehle.

Wie viele daher der ehrerbietigst Unterzeichneten der Hegelschen Philosophie nicht angehören, so vereinigen sie sich doch sämmtlich in dem Wunsche dass diejenigen Glieder der Fakultät, welche ihr anhängen, deswegen in ihrer literarischen Thätigkeit keinerlei Hindernisse finden.

Wenn die ganz gehorsamst unterzeichnete Fakultät hoffen dürfte, dass Ew. Excellenz in der den Universitäten zugewandten thätigen Fürsorge die obigen Gesichtspunkte als solche genehm hielten, welche aus keinem andern Grunde als dem Wesen der philosophischen

Fakultät und der Wirksamkeit ihrer Glieder entspringen: so würde sie die ehrerbiegste Bitte hinzufügen,

dass Ew. Excellenz diese Gesichtspunkte, wenn es nöthig wäre, bei den zu literarischen Concessionen mitwirkenden hohen Königl. Behörden hochgeneigtest schützen wollen.

Decan und Professoren der philosophischen Fakultät hiesiger Königlichen Universität.

(gez.) Unterschriften.

Copia.

XXIII.

2te Beilage zu No. XXI.

Die philosophische Facultät hat nach dem Berichte vom 27. v. Mts. den ausserordentlichen Professoren Dr. Hotho und Dr. Benary auf deren Gesuch, sich ihrer bei der ihnen von der Censurbehörde verweigerten Concession zur Herausgabe einer Wochenschrift „Kritische Blätter für Leben und Wissenschaft“ anzunehmen und diesen Zweig schriftstellerischer Thätigkeit vor hemmenden Beschränkungen zu bewahren, einen ablehnenden Bescheid hauptsächlich aus dem Grunde ertheilt, weil die Facultät das wissenschaftliche Element zu vertreten habe, der Prospectus jener Zeitschrift aber die Einwirkung auf das Leben in den Vorgrund stelle. Diese Auffassung, indem sie den Prospectus der Zeitschrift in Bezug nimmt, stimmt mit derjenigen vollkommen überein, welche bei Behandlung der Sache von Seiten der Censurbehörde massgebend gewesen ist.

In dem Erlass des Herrn Ober-Präsidenten v. Meding vom 29. Jan. d. J. werden die gedachten Professoren deshalb abschlägig beschieden, weil sich

> aus ihren amtlichen Verhältnissen gegen das beabsichtigte publicistische Unternehmen in Betracht der im Prospectus angezeigten Tendenz desselben Bedenken ergeben hätten, welche die Ertheilung der gewünschten Concession behindern.

Der Erlass stellt die amtlichen Verhältnisse und die im Prospectus ausgedrückte Tendenz in den engsten Zusammenhang. Dieser Zusammenhang ist es, welcher der ganzen Sache denjenigen Character giebt, den die philos. Facultät nicht vertritt und der sie bestimmt hat, das Gesuch der Professoren abzulehnen.

Je richtiger hiernach die philos. Facultät den Fall behandelt hat, desto auffallender muss es erscheinen, dass die Behandlung von Seiten der Behörde, welcher wesentlich dieselbe Auffassung zum Grunde lag, der philos. Fakultät irgend zu Besorgnissen, wie sie in dem Schreiben vom 27. v. Mts. angedeutet worden sind, hat Anlass geben können.

Die wissenschaftliche Freiheit kann ihrem wahren Wesen nach nirgends unbeschränkter und weniger bedroht sein, als sie es in Preussen und namentlich auf Preussischen Universitäten ist. Niemand schlägt diese Freiheit höher an und will ernstlicher ihre Erhaltung als die Allerhöchste Person Seiner Majestät des Königs Selbst. Die philos. Fakultät hat nicht den mindesten Grund zu besorgen, dass die höchsten Behörden, insbesondere auch das Ministerium der Unterrichts-Angelegenheiten, auf die Ausführung des Willens Sr. Majestät, diese Freiheit zu achten und zu schützen, nicht stets sorgfältig bedacht sein werden; wohl aber Grund genug, fingirten Besorgnissen, deren Ungrund sie selbst am besten wissen kann, zu begegnen.

Das Ober-Präsidium der Provinz Brandenburg war weit entfernt, in der amtlichen Stellung der Professoren an und für sich irgend ein Hinderniss gegen die Herausgabe einer wissenschaftlichen Zeitschrift zu finden. Dasselbe wird vielmehr nur ganz die Ansicht der philos. Fakultät theilen, dass die Stellung als Universitätslehrer im Allgemeinen, ein auf Herausgabe einer wissenschaftlichen Zeitschrift gerichtetes Gesuch eher befürworten, als Bedenken dagegen erregen müsse. Das Ober-Präsidium wird aber auch, wie die philos. Fakultät, voraussetzen, dass ein Universitätslehrer vorzugsweise der Ehre und Würde der Wissenschaft eingedenk sein, und von der Freiheit wissenschaftlicher Thätigkeit nicht auf eine Weise Gebrauch machen werde, welche mit dem ihm als öffentlichen Lehrer der Wissenschaft vom Staate geschenkten Vertrauen sich nicht vereinigen liesse.

Eben so wenig ist von einer Staatsbehörde den Anhängern der Hegelschen Philosophie irgend ein Hinderniss literarischer Thätigkeit in den Weg gelegt worden, noch ist ein Grund vorhanden anzunehmen, dass dieses künftig geschehen werde. Wenn aber einzelne dieser Schule angehörige Männer nach ihren Ideen von Staat und Kirche, die sie Philosophie oder Wissenschaft zu nennen belieben, das Leben unmittelbar umgestalten wollen, und die Behörde, welche in dem ihr angewiesenen Berufe die Ordnung und gesunde Entwickelung des Lebens zu wahren hat, solchen Unternehmungen entgegen tritt, so thut sie nichts, als ein Urtheil vollziehen, welches der Stifter jener Philosophie selbst mit grosser Entschiedenheit gegen ein so thörigtes und anmassliches Uebergreifen ausgesprochen hat.

Ein solches Uebergreifen war es, zu welchem die Staatsbehörde einigen Professoren den Weg durch Ertheilung der nachgesuchten Concession nicht gerade zu öffnen wollte. Laut des von ihnen vorgelegten Prospectus beabsichtigten sie, in der Meinung, dass die von ihnen vertretene Wissenschaft „den grossen Schritt gethan, sich des Inhalts des Lebens in allen seinen Richtungen geistig zu bemächtigen,“ ein nach Form und Inhalt neues Journal zu gründen, dessen Grundlage und Ausgangspunkt „die Wissenschaft in ihrer mächtigen Einwirkung auf die Gestaltungen des Lebens und der Gesellschaft“ sein sollte. Indem sie die Behauptung aufstellten, „dass Gedanke und That, Leben und Wissenschaft nicht mehr getrennt erscheinen dürften,“ sollte es Aufgabe, Inhalt und Tendenz der neuen Zeitschrift sein, „diesen geistigen Prozess, diese Wechselwirkung des Lebens und der Wissenschaft in ihrem Fortschritt und in ihrer Entwickelung an den geistigen Producten unserer Zeit zu verfolgen.“ Religion und Staat werden ausdrücklich als diejenigen Gebiete bezeichnet, auf welchen sie mit ihrer Dialektik und Rhetorik wirken wollten. „Was in der Theologie und in der Wissenschaft des Staats Anspruch machen kann, den Gedanken fortzuführen, was Fortschritt, was Entwickelung andeutet, was irgend geeignet ist, auf die öffentliche Meinung tiefen, wahrhaften Einfluss zu üben, ja was endlich, ohne sich dem Fortschritte hinzugeben, doch eine Anregung enthält, und die Behandlung wichtiger Fragen zu veranlassen vermag," sollte „unbedingt seine vollständige Würdigung finden," und zwar befreit von Fachformen, in einer Sprache, die, klar und bestimmt, jedem zugänglich sei und die Wissenschaft zum Gemeingut aller machen könne, denen überhaupt die Sphäre des Geistes nicht verschlossen bleibe. Abgesehen davon, dass dieser Standpunkt für die Auffassung und Behandlung der gegebenen Wirklichkeiten des Lebens in Kirche und Staat untauglich ist, und zu Conflicten führen müsste, die nicht auf dem Wege der Wissenschaft und ihrer gesunden Einwirkung auf das Leben liegen, bedarf es nur eines Blicks auf die den Universitäten anvertraute Aufgabe, um sich zu überzeugen, dass hier nicht, wie ich gern glaube, aus üblem Willen, sondern aus Mangel an Urtheil und aus Verwechselung eines idealen Ineinanderseins von Gedanken und Wirklichkeit mit der natürlichen Entwickelung des Lebens in Kirche und Staat, ein Uebergriff beabsichtigt und formulirt wurde, dessen Zurückweisung die philosophische Fakultät in ihrem eigenen Interesse hätte wünschen müssen, wenn das Unternehmen von Seiten der Censurbehörde kein Hinderniss gefunden hätte.

Bei der Prüfung eines solchen Plans musste es allerdings besonders in die Augen fallen, dass Universitätslehrer es waren, die auf denselben das Gesuch um Concession gründeten. Dem einfachen Literaten gegenüber hat die Staatsbehörde bei literarischen Unternehmungen keine andere Forderungen zu stellen, als diejenigen, welche innerhalb der Grenzen des gemeinen Rechts und der allgemeinen gesetzlichen Bestimmungen liegen. Trägt dagegen ein im Amte stehender öffentlicher Lehrer auf die Concession zu einer Zeitschrift mit der Tendenz an, wie die Professoren Benary, Hotho u. s. w. sie beabsichtigten, so würde die Staatsbehörde ihre Pflicht nur unvollkommen erfüllen, wenn sie dabei die Würde und die amtliche Stellung des öffentlichen Lehrers unberücksichtigt liesse. Ergiebt die Prüfung, wie solches in dem vorliegenden Falle geschehen ist, dass die Tendenz einer von öffentlichen Lehrern beabsichtigten Zeitschrift mit der amtlichen Stellung derselben und den damit verbundenen Pflichten sich nicht verträgt, und wird dieses in dem zurückweisenden Bescheide bemerkt, so kann darin Niemand eine Zurücksetzung eines Professors finden. Von der einen Seite wird der Stellung der Professoren bei Gesuchen um Ertheilung von Concessionen zur Herausgabe von Zeitschriften im Allgemeinen eine besondere Achtung gewidmet, indem sie eben vermöge dieser Stellung hinsichtlich ihrer literarischen Thätigkeit ein weit grösseres Vertrauen geniessen, als einfache Literaten, welche sich, wenn sie Zeitschriften herausgeben wollen, das dazu erforderliche Vertrauen erst durch Zeugnisse auf anderen Wegen erwerben müssen. Von der andern Seite muss aber auch den Fakultäten nicht minder als der Staatsbehörde daran gelegen sein, dass dieses Vertrauen durch die eigenen Angehörigen der Fakultäten nicht compromittirt werde, eine Fürsorge, welche bei einfachen Literaten, hinsichtlich ihrer einsamen Stellung, keine Anwendung findet.

Die philos. Fakultät hat mich ersucht, die in ihrem Schreiben entwickelten Gesichtspunkte,

> wenn es nöthig wäre, bei den zu literarischen Concessionen mitwirkenden Behörden zu schützen.

Aus meiner gegenwärtigen Erwiederung wird sich dieselbe überzeugen, dass der Fall mit dem Gesuche des p.

Benary u. s. w. zu einer solchen Vertretung in keiner Weise Anlass gegeben hat. Auch kann ich mir überhaupt nicht wohl einen Fall denken, wo eine solche einschreitende Verwendung nöthig wäre, da mir bekannt ist, wie das Ministerium, welchem zunächst die Leitung aller auf die Censur und die Concessionirung der Zeitschriften sich beziehenden Angelegenheiten anvertraut ist, sich auf das gewissenhafteste bemüht, seinen hohen Beruf ganz in Uebereinstimmung mit den Absichten Seiner Majestät des Königs zu erfüllen.

Von der andern Seite möchte ich, da es keinen grösseren Feind der wahren Freiheit der Wissenschaft wie im Staate giebt, als die Zügellosigkeit, die Mitwirkung der philos. Fakultät in Anspruch nehmen und ihre Aufmerksamkeit darauf lenken, dass durch Anwendung aller directen und indirecten Mittel, welche die Statuten theils dem Dekan, theils der Fakultät an die Hand geben, der Missbrauch wissenschaftlicher Freiheit, welcher in jetziger Zeit das Leben in Staat und Kirche zu verwirren droht, von allen denen fern bleibe, mit welchen die Fakultät in Beziehung steht. — Je mehr die philosophische Fakultät ihre Bemühungen mit den meinigen für diesen Zweck zu vereinigen geneigt ist, desto mehr wird sie mich in den Stand setzen, die erhabenen Absichten Seiner Majestät des Königs, die auf den Flor der Wissenschaften und auf die Förderung des geistigen Lebens gerichtet sind, in Ausführung zu bringen, und damit zugleich eine tiefer greifende Wirksamkeit der Friedrich-Wilhelms Universität herbeizuführen.

Berlin, den 12. Juli 1844.

Der Minister der geistlichen, Unterrichts- und Medicinal-Angelegenheiten.

(gez.) Eichhorn.

An die philosophische Fakultät der Königl. Friedrich-Wilhelms Universität hierselbst.

No. 2,302. I.

XXIV.

Hochwohlgeborner Herr!
Hochgebietender Herr Geheime-Staats-Minister!

Durch den z. Herrn Decan der philosophischen Facultät sind den ehrerbietigst Unterzeichneten am 13. dieses der Bericht der Facultät an Ew. Excellenz vom 27ten Juni, sowie Hochderen Erwiederung vom 12ten Juli abschriftlich mit der Aeusserung zugefertigt worden, Ew. Excellenz habe die von uns nachgesuchte Mittheilung des genannten Berichts nur unter der Bedingung gestattet, dass uns zugleich die Abschrift der Erwiedrung zugestellt werde.

Unser allergehorsamster Dank für diese Begünstigung würde ungetrübt sein, wenn Hochderen Schreiben an die Facultät nicht in Rücksicht auf uns geschärfte Hindeutungen und Anklagen enthielte, gegen welche wir uns, nachdem sie auf Ew. Excellenz eigenen Befehl zu unserer Kenntniss gelangt sind, offen auszusprechen für Pflicht erachten. Unser Schweigen könnte nur als ein verurtheilendes Zugeständniss erscheinen, das unsre wissenschaftliche und persönliche Ehre vor Ew. Excellenz wie vor uns selber aufgeben würde.

Dass sich die philosophische Facultät durch den Inhalt ihrer Eingabe vom 27ten Juni in Widerspruch mit sich selbst gesetzt hat, indem sie die Verwendung für unseren speciellen Fall — um welche wir überdies nicht gebeten hatten — abweist, und dennoch mit unsrer Auffassung der Sachlage in allen Hauptpunkten zusammenstimmt, ist eine Thatsache, die wir nur beklagen können. Aber viel schmerzlicher noch müssen wir die Erwiederung empfinden, die Ew. Excellenz in Betreff der von uns erbetenen Concession ertheilt haben.

Ew. Excellenz stellen uns vor unserer eigenen wie vor den übrigen Facultäten, denen dasselbe Schreiben, dem Vernehmen nach, auf Hochderen Befehl soll mitgetheilt sein, zuvörderst als Männer hin, die „der Ehre und Würde der Wissenschaft uneingedenk", von der Freiheit wissenschaftlicher Thätigkeit auf eine Weise hätten Gebrauch machen wollen, welche mit dem ihnen als öffentlichen Lehrern der Wissenschaft vom Staate geschenkten Vertrauen sich nicht vereinigen liesse.

Die Staatsbehörde habe ihrerseits den Anhängern der Hegelschen Schule kein Hinderniss litterarischer Thätigkeit in den Weg gelegt. „Wenn aber," fährt Hochderen Schreiben fort, „einzelne dieser Schule angehörige Männer nach i h r e n Ideen von Staat und Kirche, die sie Philosophie oder Wissenschaft zu nennen belieben, das Leben unmittelbar umgestalten wollen, und die Behörde, welche in dem ihr angewiesenem Berufe die Ordnung und gesunde Entwicklung des Lebens zu wahren hat, solchen Unternehmungen entgegentritt, so thut sie nichts, als ein Urtheil vollziehen, welches der Stifter jener Philosophie selbst mit grosser Entschiedenheit gegen ein so thörigtes und anmassliches Uebergreifen ausgesprochen hat."

Soll, wie die obenerwähnte, auch diese letztre Bezeichnung auf uns zielen, so müssen wir dieselbe in tiefster Ehrerbietung unbedingt ablehnen.

P e r s ö n l i c h schon aus Ehrfurcht vor den Manen des grosssinnigen edlen Mannes, des verewigten Ministers v o n A l t e n s t e i n, dessen Personalkenntniss und Umsicht die Unterzeichneten sämmtlich ihre Stellung als Anerkennung derjenigen wissenschaftlichen Richtung verdanken, die sie zu keiner Zeit irgend geändert haben. Wenn

Ew. Excellenz aber, um die Aussprüche unseres eigenen Lehrers gegen uns geltend zu machen, wie in der gnädigst befohlenen Audienz vom 29sten Dec. v. J., auf die bekannte Vorrede zur Hegelschen Rechtsphilosophie hindeuten, so können wir nur finden, dass Hegel in diesem Vorwort, nicht anders als unsere Zeitschrift es gleichfalls gethan haben würde, eine „sich so nennende Philosophie“ bekämpft, „die es ausdrücklich ausgesprochen, dass nur diess das Wahre sei, was jeder über die sittlichen Gegenstände, vornehmlich über Staat, Regierung und Verfassung sich aus seinem Herzen, Gemüth, Begeistrung aufsteigen lasse.“

Er kehrt sich, — und auch hierin würden wir streng nur ihm Selber gefolgt sein, — gegen die, bei denen „solche Ansicht sich auch die Gestalt der Frömmigkeit annehme,“ gegen die, „welche die Erkenntniss der Wahrheit als für eine thörichte, ja sündhafte Anmassung erklären und die Vernunft, und wieder die Vernunft und in unendlicher Wiederholung die Vernunft anklagen, herabsetzen und verdammen.“ — Allerdings warnt Hegel aufs nachdrücklichste vor dem thörichten Besserwissen und der anmassenden Unzufriedenheit mit der Wirklichkeit. Wirklichkeit aber heisst bei ihm das Bestehende und Vorhandene nur, insofern es der Vernunft gemäss ist, der er die Macht zutraut, sich die entsprechende Erscheinung und Geltung zu verschaffen, und er sagt ausdrücklich in jener Vorrede selber, die Philosophie gewähre die Einsicht, dass nichts wahrhaft wirklich sei als die Idee, als der Gedanke.

Aus diesem ächt Hegelschen Satze glauben wir auch sachlich die oben berührten Anklagen ablehnen zu müssen. Wie das Begleitungsschreiben an das Hochlöbliche Ober-Präsidium vom 7ten September aufs Klarste besagt, bezweckten wir nur eine Zeitschrift, „welche die bedeutenderen Erscheinungen der Wissenschaft, insbesondere auf dem Gebiete der Philosophie und Theologie, der Kunst und des Staates, dem Publikum vorführe, und ohne Rücksicht auf eine bestimmte Richtung, einzig und allein von dem Standpunkte der Wissenschaft, und in der ihr angemessenen würdigen Haltung und möglichst schöner Form beurtheile, ausserdem aber von Zeit zu Zeit die Leistungen in den einzelnen genannten Gebieten zu grössern Uebersichten zusammenfasse, oder auch in leitenden Artikeln, Winke und Andeutungen für die Fortbildung der Wissenschaft gebe."

Die Thorheit, Kirche und Staat unmittelbar durch ein Journal umwandeln zu wollen, das sich, Ew. Excellenz eigener Anerkennung zufolge, niemals mit der Königl. Censur in Conflict setzen werde, möchten Hochdieselben bei näherer Kenntnissnahme der Charactere und Richtungen, uns ebenso wenig ernstlich zutrauen, als die doppelte Thorheit, solch eine Tendenz der Censurbehörde von Hause aus vorzulegen. Dazu würde eine Verblendung practischer Besserungssucht gehören, deren wir uns durchaus nicht fähig halten.

Wir haben deshalb dergleichen Tendenzen auch nicht in dem gehorsamst eingereichten Prospectus aussprechen können.

Zuvörderst deutet derselbe an, dass wir „nicht sowohl den gesammten Stoff der Litteratur behandlen, sondern vielmehr aus demselben hervorheben wollten, was allgemein, d. h. bei jedem, dem es Ernst ist um die Wissenschaft und das wahre Lebensinteresse, Anklang finden muss." Schon hieraus erweist sich, der Gegenstand unserer Besprechung sollte die Litteratur sein, und der Standpunkt der Behandlung die Wissenschaft. Wenn aber Ew. Excellenz versichern, wir hätten „die Wissenschaft in ihrer mächtigen Einwirkung auf die Gestaltungen des Lebens und der Gesellschaft" zur Grundlage und zum Ausgangspunkt zu machen gewünscht, so stellt der Prospect dagegen „den Gedanken und die Wissenschaft" als diese Grundlage hin. Unter „Gedanke" aber versteht die Hegel'sche Philosophie nicht etwa subjective Meinungen, Absichten und Zwecke, sondern die ewige Idee, das allgemeine Princip aller Dinge. Dieser Gedanke allein ist wahrhaft thätig und stete That, und die Philosophie die Erkenntniss dessen, was sich durch ihn im Leben vollbringt. Nur in diesem Sinne behauptet der Prospect: Gedanke und That, Wissenschaft und Leben dürften in wissenschaftlicher Betrachtung nicht mehr — wie bisher noch zu häufig geschehen — getrennt erscheinen. Diese wahrhaften Thaten des Gedankens, der geistige Process, die Wechselwirkung von Leben und Wissenschaft in ihrem Fortschritt und in ihrer Entwickelung sollten vom Standpunkte der Litteratur und Wissenschaft an den geistigen Producten unserer Zeit verfolgt werden.

Der Verfasser des nur zu formellem Zweck schnell aufgesetzten Prospectus konnte sich nicht vorstellen, dass diese durchweg bekannten Sätze zu Missdeutung Anlass geben sollten. Mehr noch aber müssen wir es jetzt, nachdem wir uns bereits in der Audienz vom 29. Dec. v. J, und später schriftlich auf das bestimmteste gegen diese Missdeutungen verwahrt und die nöthigen Aufklärungen gegeben haben, mit tiefem Schmerz empfinden, dass wir vor Ew. Excellenz Augen noch immer ungerechtfertigt dastehen.

Die Anerkennung, dass wir nicht „aus üblem Willen“ gefehlt, darf uns nicht genügen, wenn unser Vorhaben, statt aus direct schlimmer Absicht, „aus Mangel an Urtheil und aus Verwechslung eines idealen Ineinanderseins von Gedanken und Wirklichkeit mit der natürlichen Entwickelung des Lebens in Kirche und Staat“ hervorgegangen sein soll.

Unser Beruf allerdings ist die Wissenschaft, und sie allein. Doch wie die heutige Wissenschaft überhaupt, sind auch wir zu vollständig in dem bestehenden Staat und der bestehenden Kirche orientirt und heimisch, um aus derartigen Verwechslungen oder aus Mangel an Urtheil unberechtigte „Uebergriffe," wenn auch absichtslos, verursachen zu können. Dagegen fürchteten wir vielmehr, die bestehende Administration greife ihrerseits, von Missdeutungen der Wissenschaft aus, in das eigenste, heiligste Leben der Wissenschaft und deren litterarischen Thätigkeit über. Diese Besorgniss, voll Ehrfurcht vor Ew. Excellenz Absicht und lauterem Zweck, ist der uneigennützige, einzige Gesichtspunkt in allen unseren späteren Schritten gewesen. Unser Zweck ist misslungen. Doch wir haben unser Gewissen gewahrt, und wem hierzu der Muth und die Offenheit fehlen, der darf auch vor höchster Behörde, selbst wenn sie ihn tadeln zu müssen glaubt, auf innere Achtung nicht Anspruch machen.

In dieser Ueberzeugung hoffen die ehrerbietigst Unterzeichneten, Ew. Excellenz werde es nicht verkennen, aus welchen Motiven sie es gewagt, auch Hochderen Erwiederungsschreiben an die philos. Facultät nicht ohne vertheidigende Erklärung zu lassen.

In der gleichen Hoffnung nehmen sie sich die Freiheit zu einer letzten Bitte.

Unsere ehrerbietigste Eingabe vom 18ten Juli ersuchte Ew. Excellenz allergehorsamst, uns zur Veröffentlichung unserer sämmtlichen in der beregten Angelegenheit eingereichten Gesuche und der darauf erfolgten Bescheide Hochderen Erlaubniss, falls dieselbe erforderlich sein sollte, gnädigst ertheilen zu wollen.

Ew. Excellenz Entgegnung vom 28sten Juli verweist uns an die Censurbehörde. Insofern wir in diesem Falle unter Censurbehörde nur den Königl. Censor verstehen können, sind wir damit beschäftigt, die sämmtlichen uns zugekommenen Actenstücke zum Abdruck zusammen zu stellen.

Wir haben, ausser den bereits in unserem gehorsamsten Schreiben vom 18ten Juli angedeuteten Gründen, hierbei keinen anderen Zweck, als dem wissenschaftlichen

Publikum, dessen Aufmerksamkeit durch das Eigenthümliche der Angelegenheit schon vielfach in Anspruch genommen worden ist, das möglichst vollständige Material zu eigenem Urtheil für oder wider uns in die Hand zu geben. Dieser Zweck würde nur ungenügend erreicht sein, wenn es uns nicht gestattet wäre, auch die Eingabe der philosophischen Facultät an Ew. Excellenz vom 27ten Juni, sowie Hochderen Erwiederung vom 12ten Juli und das gegenwärtige Schreiben den bisherigen Eingaben und Bescheiden anzuschliessen. Ew. Excellenz Verweisung an die Censurbehörde glauben wir jedoch nicht unmittelbar auf diese letzteren drei Actenstücke ausdehnen zu dürfen, und wagen deshalb das allergehorsamste Gesuch,

Ew. Excellenz möchten uns für dieselben die gnädige Erlaubniss zur Publication nicht vorenthalten.

In tiefster Ehrfurcht verharrend als

Ew. Excellenz

allerergebenste, allergehorsamste

Prof. Dr. H. G. Hotho. Prof. Dr. F. Benary.
Prof. W. Vatke. Prof. Dr. A. Benary.

Berlin, den 19. August 1844.

XXV.

Ew. Wohlgeboren haben in der, mir heute zugekommenen, Eingabe vom 19ten d. Mts. den Wunsch ausgesprochen, es möge Ihnen die Erlaubniss nicht vorenthalten werden, den Bericht der philosophischen Fakultät der dortigen Universität vom 27ten Juni, meine Erwiederung vom 12ten v. Mts. und Ihre neueste Eingabe für den von Ihnen angegebenen Zweck zu veröffentlichen.

Von meinem Standpunkte aus, habe ich gegen die Gewährung dieses Antrages nichts zu erinnern, muss es Ew. Wohlgeboren jedoch überlassen, vor dem Abdruck die Genehmigung der Censur-Behörde einzuholen.

Königsberg, den 28sten August 1844.

Der Minister der geistlichen, Unterrichts- und Medizinal-Angelegenheiten.

gez. Eichhorn.

An
die Herren Professoren
Dr. Hotho, Dr. F. Benary,
W. Vatke, Dr. A. Benary,
Wohlgeboren
zu Berlin.

No. 2731. BJ.

Gedruckt bei Julius Sittenfeld.

FSC
www.fsc.org
MIX
Papier | Fördert gute Waldnutzung
FSC® C083411

Kolibri 360 GmbH
Ferdinand-Jühlke-Straße 7
99095 Erfurt, Deutschland
produktsicherheit@kolibri360.de